心理学与抗压力

张璐 编著

中国纺织出版社有限公司

内容提要

每个人都会遇到压力，但不同的人，对待压力的态度却完全不同。有的人面对强压就会拖延，然后焦虑，无形之中增加了更大的压力；有的人面对压力，总能积极应对，将压力转化为动力，并积极解决问题。后者更好地运用了心理学在抗压过程中的作用。

本书阐述了现代人所遭遇的种种压力，以及心理学与抗压的紧密关系。良好的抗压能力并非一蹴而就的，而是长期坚持的结果，需要我们在日常生活中有意识地逐步训练，将所学的应对压力的方法应用到实践生活中。

图书在版编目（CIP）数据

心理学与抗压力 / 张璐编著. ---北京：中国纺织出版社有限公司，2020.8
ISBN 978-7-5180-7210-1

Ⅰ.①心… Ⅱ.①张… Ⅲ.①心理压力—心理调节—通俗读物 Ⅳ.①B842.6-49

中国版本图书馆CIP数据核字（2020）第038296号

责任编辑：赵晓红　　责任校对：江思飞　　责任印制：储志伟

中国纺织出版社有限公司出版发行
地址：北京市朝阳区百子湾东里A407号楼　邮政编码：100124
销售电话：010-67004422　传真：010-87155801
http://www.c-textilep.com
中国纺织出版社天猫旗舰店
官方微博http://weibo.com/2119887771
三河市宏盛印务有限公司印刷　各地新华书店经销
2020年8月第1版第1次印刷
开本：880×1230　1/32　印张：6
字数：162千字　定价：39.80元

凡购本书，如有缺页、倒页、脱页，由本社图书营销中心调换

前言

有人说："压力就像每天都会堆积的灰尘，如果一直不去排解，就会越积越厚。"生活在发展迅猛的现代社会，我们的生活、工作节奏非常快，一件事情还没做好，另外一件事情又接踵而来，工作需要经常加班，生活充满柴米油盐诸多繁杂事务，这让不少人感觉到压力非常大，导致情绪十分紧张、焦虑、焦躁、容易被激怒。如果不及时找到抗压的方法，还会出现失眠、食欲不振等症状，时间长了还会影响健康，造成身心疾病。

压力的根源是什么呢？压力包括非人为的压力源和人为的压力源两种。有些压力根源是自然逆境，人们对这种非人为的压力往往无能为力。当然，对于那些抗压能力强的人来说，尽管自然逆境不可抗拒，但会重新开始，在绝处求生。有些压力源是社会逆境，这是人为的压力源，抗压能力强的人还是能够从各方面战胜困难。抗压能力弱的人在压力面前变得麻木、冷漠、躲避。

"抗压"成为现代人无法回避的话题，抗压能力其实就是人们的心理承受能力，指的是个体对逆境引起的心理压力和负面情绪的承受与调节的能力，主要是对逆境的适应力、容忍力、耐力、战胜力。可以说，具有一定的抗压能力是一个人心

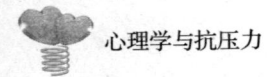

理素质良好的表现。有的人耐受性高、兴奋和抑制平衡，他们能够承受较大的刺激，这样的人心理抗压能力强；而有的人则相反，他们不能承受大的刺激，其抗压能力弱。

如何提高抗压能力，减轻心理压力，保持健康的心理状态，成为现代人最关心的问题。其实，压力既然是心理的感觉，自然绕不开包罗万象的心理学领域。现代人更需要了解一些心理学常识，接受来自生活适当的压力，心理学可以帮助我们提高对需要处理的事情的关注度，然后集中精力找到解决方法。通过心理学正确认识压力，与压力相伴，就会渐渐降低压力带来的紧张、焦虑水平，用积极心态对抗压力，提高自己的抗压能力。

编著者
2019年11月

目录

第1章 认识压力,解析心理学与抗压力的秘密 ‖001

内心的力量可以改变你的人生 ‖002

掩藏心思,让自己变得更成熟 ‖005

调整心态,发挥压力的积极作用 ‖008

心足够强大,才能踏上向上的阶梯 ‖010

做人生中的平凡英雄 ‖013

心态乐观,把坏的事情变好 ‖017

第2章 寻根究源,你内心的压力缘何而起 ‖023

心理压力无处不在 ‖024

经济压力伴随超前消费应运而生 ‖027

过了三十,你顶得住逼婚压力吗 ‖031

坏习惯会导致巨大的生活压力 ‖035

无助的心境,放弃了任何努力 ‖039

心累,职场关系比工作本身更难 ‖043

第3章 自我调整,抵抗压力最好的武器是内心的积极 ‖047

生活需要压力,才显得更真实 ‖048

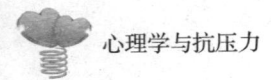

生活太苦了，不如加点糖 ‖051
保持积极，等待走出阴霾 ‖053
甘当配角，演绎自我风采 ‖057
心态淡然，凡事不必太在乎 ‖060
无法选择境遇，可以选择心情 ‖063

第4章　调适心情，美好的情绪可以抵御负面的压力 ‖067

别刻意压抑自己的情绪 ‖068
别让小事吹皱心中的湖水 ‖071
驾驭情绪，成为人生强者 ‖074
有烦恼就要大声说出来 ‖078
用努力代替你的抱怨 ‖081

第5章　接纳真实的自己，不惧外界压力 ‖085

客观认识自己，发现最特别的自己 ‖086
挣脱内心的束缚，前方的路更清晰 ‖089
欣赏自己，才会活得更好 ‖091
活出最真实的自己 ‖094
在困厄中崛起，绝不轻易屈服 ‖096

第6章　战胜恐惧，安全感让你不被压力侵袭 ‖099

社交恐惧，无法主动走出自我的世界 ‖100

勇气是良药，让恐惧消失于无形 ‖103

理性战胜恐惧，突破怯弱的自我 ‖106

内心充满力量，那就是安全感 ‖109

勇于面对，才能不断前进 ‖111

第7章　欣赏自己，自信可以为你解压 ‖115

自信，让人生绽放异样的神采 ‖116

赶走自卑，迎接阳光 ‖118

鼓足信心，让人生获得腾飞 ‖121

天赋是命运给的，努力是自己给的 ‖123

忠于自我，活成你自己就好 ‖125

第8章　改掉拖延，不良生活习惯会引发精神压力 ‖129

拖延症让你身心疲惫 ‖130

拖延症让你滞足不前 ‖135

别找借口了，你就是在拖延 ‖139

全力奔赴未来，谁能阻挡你的脚步 ‖142

戒掉拖延，珍惜人生光阴 ‖145

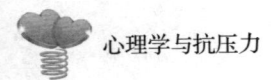

第9章　学会放下，压力因放下而消弭 ‖149

学会做减法，才能真正解放心灵　‖150
卸掉生活的重任，人生更加轻松　‖152
若总是顾虑重重，你无法活得轻松　‖155
强大内心，坦然面对生活一切得失　‖158
减轻生命的负担，轻装迈向人生路　‖161

第10章　职场减压，给自己一个放松的工作环境 ‖165

找准工作方法，缓解职场压力　‖166
只要足够智慧，上班的烦恼会少一半　‖170
职责以外的工作，可适当拒绝　‖173
充分信任下属，放手让他去干活　‖176
利用闲暇时间，缓解精神压力　‖179

参考文献　‖184

第1章
认识压力,解析心理学与抗压力的秘密

什么是压力呢?就是当我们所拥有的与自己所渴望拥有的东西存在差距时,我们所产生的一切感觉。这些事物对我们来说越重要,差距越大,潜在的压力就越大。我们需要正确认识压力,才能更好地抗压。

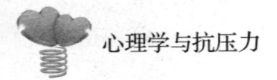
心理学与抗压力

内心的力量可以改变你的人生

现实生活中的我们,有人先天身体条件就比较好,锻炼身体总是能够事半功倍。而有的人即便后天再努力,再刻苦地锻炼,也还是练就不了一身的肌肉。这是先天就存在的身体条件差异,我们即便在意也无法改变,只能尽力做好自己。而内心也是一样,我们并非如同机器设定般要么内心强大,要么内心脆弱。而是我们每个人的内心中其实都有一定的力量,只不过这种力量有大小之分,有能够提升的空间。很多时候,你会发现,其实只要通过对自我情绪的调节与管理,加强对自我的认同与肯定,内心的力量超乎你的想象,带给你的惊喜也足以改变你的人生。

下面是一位成功者的自述:

在我为数不多的二十几年人生中,真正令我敬佩的人其实并不多,但有个朋友是其中一个。当然,我所说的这些人也仅限于真正跟我有过交集的"可以触碰"到的人。这个朋友之所以令我敬佩,是因为她强大的内心与无畏的自我。她其实从小就患有严重的口吃,说话的时候经常口齿不清。对于一个漂亮的小女孩而言,这会会让人觉得很遗憾。但幸运的是她有一个好母亲,小时候的她在外面受到小朋友的嘲笑,哭着回家跟母

第1章 认识压力，解析心理学与抗压力的秘密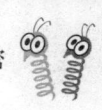

亲抱怨的时候，她的母亲都会安慰她："那是因为你有一个最聪明的大脑，你的大脑太聪明，运转太快，以至于这世上没有一个舌头能跟得上它的速度。所以，你要好好开动你的大脑，让别的小朋友也羡慕你。"母亲感受到了她的烦恼，便经常在她面前强调她聪明的大脑，以此将她口吃的缺陷变成对她的激励。就这样，在她母亲的鼓励下，朋友对自己口吃的缺陷不再放在心上，不会因为担心自己的口吃而不敢去争取某些机会，相反，因为她从心底里认定自己有着一颗比常人都要聪明的大脑，所以不论做什么，总是对自己充满信心。令人欣慰的是，经常有人发现了朋友的这一缺陷之后，对她的个人能力以及专业水平更加敬佩。这无疑让朋友对人生充满希望。后来，朋友想要成为一名排球运动员，但是感觉自己身高并不占优势。而当她询问自己母亲的时候，她的母亲再一次坚定地告诉她："没有关系，只要你想，就努力去做吧，你一定会成功的。"就这样，朋友参加了排球队，尽管她是队员里面最矮的一个，却是最敢于接受任何挑战的那一个。目前，朋友已经小有所成，在省排球队成了全队的核心人物，所在的队伍也多次获得全国锦标赛的冠军。

你是否发现，人生其实就是这样：最终能够拉开人与人之间差距的，往往是发自你内心的力量。因为内心力量的强大不光会给我们带来自信，更会改变我们的思维方式。很多时候，即使我们的起点相同，最终也会因思维方式的不同，过上完全不一样的人生。因此，遇到问题时，请学会换个角度思考。当思绪杂乱时，将问题有条理地列出来各个击破……有时，不是你不够努力，而是你的思维方式与对待态度需要更新。只有找到正确的方法再去努力，最终才能事半功倍。

想象一下这种情况：当你来到一个陌生的新环境，周围的一切总是让你感到焦虑。这时，如果你为了减轻焦虑而刻意避免与新同事保持交流。那么，你和新同事之间的交流只会越来越少。你的新同事也越不可能主动与你攀谈。于是某天，当你走进休息室的时候，你从门厅里聚集的人群中穿过，却没有任何人跟你说话。这时，你会想什么？你可能会想：我可能真的不擅长和他们打交道。当你越是对自己产生怀疑的时候，你和别人交流起来就越困难，你就会更加不愿意和同事们进行交流。由此，形成一个恶性循环。但其实，只要你转变思想，用积极的心态去思考并面对一切，去除你内心中隐藏的不合理的想法，而从一种更加切合实际的角度去思考并不断地尝试，最终，你会发现，其实这一切并没有你想象中的这么难。

当我们面对新生事物时，很多人的第一直觉往往是后退一步，找出各种理由避免面对未知。殊不知，人生中的多少次机遇，有可能正是被我们用这些理由，在后退中就溜走了。因此，面对未知的风险与挑战，我们要学会走出舒适

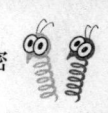

区，从内心鼓舞自己不要惧怕。只有快速思考并立即行动，才是让我们不错过机会的最好方式。并且在这一次次的尝试中，你会发现，你内心的力量超乎你的想象。因此，我们可以毫不夸张地说：很多时候，只要你想，你就可以无所畏惧。

掩藏心思，让自己变得更成熟

现实生活中，总有些年轻人自诩简单、不圆滑世故，总把自己的一切喜怒哀乐都写在脸上。实际上，孩子的单纯是一种美好，如果已经长大成人，走上社会，还在坚持这样的单纯和毫无心机，就成为一种幼稚。人总是要学着长大，对于步入成人社会的成年人而言，把自己变成玻璃人，未必是一件好事情。毕竟人际交往是很复杂的，如果我们总是肆无忌惮地表现自己，不但会让自己尴尬，也会给他人带来伤害。所以作为年轻人，也要学会掩藏自己的心思，让自己的内心变得更加成熟和稳重。

对于掩饰自己的心思，有很多人都有误解，总觉得只有心思复杂、人心险恶的人才会把自己的真实状态掩饰起来。其实不然。人的真实状态有很多种，当你真诚地对待他人，带给他人的是美好的感受。但是，当你的情绪非常糟糕和恶劣的时候，如果你真实地对待他人，就会导致自己和他人同时陷入尴尬之中。所以很多人尽管希望得到他人的真诚相待，却不想和一个丝毫不懂得掩饰自己的人打交道。适时适度掩饰自己，不要让自己和他人都陷入尴尬之中，这是有必要的，也是做人的智慧。

作为初入职场的新人，张周在一进入公司的时候，就告诉周围的同事自己一定会真诚对待每一个人。当时，大家都夸赞张周是清流。但是，日久天长，当张周总是毫无掩饰地对待每一个人时，大家对张周却都敬而远之。原来，张周说话非常直接，总是毫不掩饰地把自己的情绪感受一股脑儿地说给身边的人。渐渐地，同事们都说张周是"尴尬周"，也都不愿意再和张周打交道。

有一天，在办公室里，领导因为张周的一个工作表格出现错误，批评了他。没想到，当着办公室里那么多人的面，张周马上就给领导甩脸子，并且直接对领导说："这个表格里的各种数据特别多，就算是你亲自弄，也不能保证没错误，更何况我还是新人呢！"领导马上生气地对张周说："你是新人怎么了？就可以犯错误吗？你要是觉得自己不能胜任这份工作，可以走人。你以为你是谁，还是你父母面前的孩子，你以为我是谁，我是你爹妈必须娇惯着你吗？告诉你，进入这间办公室，每个人都是平等的，谁在工作上也没有特权！"张周气得满脸通红，领导也非常愤怒。虽然张周没有继续反驳领导，但是他

第1章 认识压力，解析心理学与抗压力的秘密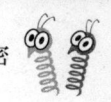

和领导之间的关系变得非常尴尬，领导也故意晾着张周，再有工作上的任务，根本不再派给他。就这样过了一段时间，张周只能辞职走人。

领导说得很对，一旦走入职场，不管是新员工还是老员工，在工作面前都是平等的，都要完成工作任务。尤其是新员工，切勿以自己初入职场、缺乏经验为由要求得到照顾。只有全力以赴做好该做的事情，才能得到他人的认可与尊重。此外，当与他人之间发生摩擦的时候，还要控制好自身的情绪，而不要意气用事，更不要有意气之争。

一个人，只有控制好自己的情绪，才算是掌控了自己。所以人们说，每个人都是自己最大的敌人，也是自己需要在这个世界上战胜的且最难战胜的。任何时候，作为成年人，都不要把喜怒哀乐写在脸上，也不要把幼稚当作成熟。做人，过于世故不好，但是却需要适度世故，这样才能让自己有更好的发展和前途，也才能在人际关系中游刃有余，获得更好的成长。记住，收起你的玻璃心，也不要再当玻璃人，没有人愿意看你的脸色行事。古人云，人情练达皆学问，实际上，当一个人能够处理好人际关系，也以适宜的姿态面对他人的时候，才是真正的成熟。

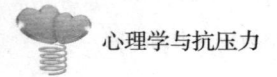

调整心态，发挥压力的积极作用

很多人都抱怨压力太大，实际上压力大已经成为现代人生存的常态，也是不可避免的。常言道，人无压力轻飘飘，那么人如果有压力呢？当压力过大，人也会感到非常沉重和沮丧，甚至因此而失去继续努力和奋斗的动力。为此，一则要适度减轻压力，二则要提升自己承受压力的能力，从而轻松地把压力转化为动力，这才是一举两得的做法，也可以让人生在压力的作用下不断地成长，持续地进步。

在竞争激励、生存艰难的现代社会，压力已经成为普遍现象。每个行业都有巨大的压力存在，既然压力是不可避免的，我们与其一味地被压力压，还不如调整好心态，从而让自己轻松抗压，也把压力转化为动力，这样一来，压力会对人生起到积极的作用，也会给予人生更强大的力量。

压力就像空气，渗透到生活的每一个毛孔中。很多时候，我们误以为身边那些看起来轻松生活的人没有压力，实际上他们只是把压力隐藏起来，以笑容面对生活而已。如果有一个吐槽的机会，相信大家都会把压力当成苦水倾诉出来，因为每个人对于人生都有太多的不满足、不如意。虽然压力对于人没有直接的危害，但是当人长期承受巨大的压力，就会感到身心疲惫，也会引发很多严重的身体疾病、心理疾病。为此，近些年来处于亚健康状态的人越来越多。何为亚健康状态呢？所谓亚

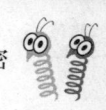

健康,不是生病,而是处于健康和不健康之间,是一种灰色的状态。处于亚健康状态的人,身体感到沉重、疲惫、无精打采,甚至胃肠道的消化功能也会受到影响,还会出现失眠等各种不好的症状。为此,我们必须学会排遣压力、转化压力,这才是有利于人的身心健康的。

大多数人的压力都来自工作,是因为如今职场上的竞争非常激烈,和几十年前大学生很抢手相比,如今大学生遍地都是。为此,很多人采取提升学历的方式应对竞争,对于那些提升学历无法减轻压力的行业来说,就需要更加拼搏。在这种情况下,我们要端正心态,这样才能有的放矢地缓解压力。既然压力对于人生如影随形,我们就不要排斥和抗拒压力,因为压力有一种特性,越是排斥和抗拒,就越会加强和变得严重。只有正视压力,对压力采取正面面对的态度,我们才能与压力共生,也才能让压力在我们的生命中发挥积极的作用。

缓解压力的方式有很多,对于每个人而言,各不相同,并没有一定之规。记住,不管是黑猫还是白猫,只要能抓住老鼠就是好猫。同样的道理,不管是哪种方法,只要能够帮助我们缓解压力就是好方法,为此在选择方法缓解压力的时候,我们要以效果为最终的追求,而不要总是对于压力心存侥幸,熟视无睹。

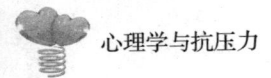

心足够强大,才能踏上向上的阶梯

现实生活中,你一定感受过痛苦的滋味,因为痛苦是人生的基础味道,只有在痛苦的基础上,我们才能感受到生活的甜蜜。痛苦,总是与人生同行的,哪怕是小小的胎儿在母亲的子宫里,也会在即将出生的时候,感受到宫缩,遭受不断挤压的痛苦。只有在经历痛苦之后,他们才能从母亲黑暗温暖的子宫里来到温暖的世界,但是与此同时他们还会感受到寒冷空气的刺激,因而情不自禁地哭起来。随着不断的成长,小生命渐渐长大,开始蹒跚学步,跌跌撞撞地走路。总是一不小心就会摔倒,疼得龇牙咧嘴。也许有些朋友会说,这些痛苦远远没有快乐多,孩子多么单纯幸福啊!的确,相比起孩子幸福的童年生活,这些痛苦的确不算什么。但是如果以孩子作为主体去看,我们就会发现,孩子其实已经承受了相当的痛苦。

等到长大成人,痛苦难道就变少了吗?当然没有,反而随着时间的流逝,生命不断地向前发展,痛苦越来越多。很多人在成年之后都会感慨:长大了怎么这么倒霉,好想回到小时候啊!的确,长大了就是这么倒霉,但是每个人都要长大,成长的规律是人人都不能抗拒的。对于每个人的生命而言,都必然要走过各种阶段,不断成长,走向成熟。而感受和承受痛苦,恰恰是成长必然付出的代价。

第1章 认识压力，解析心理学与抗压力的秘密

正如人们常说的，不经历无以成经验。每当看到那些沧桑的老者淡然的样子，总是忍不住为之动容。然而，老者之所以能够平静地面对生活，不是因为他们生而就很成熟，而是因为他们已经走过了较长的人生之路，已经能够从容地面对人生中的各种境遇。

要想消融痛苦，并没有那么简单容易，但是，我们却可以把痛苦衬托得小一些。举个简单的例子，把一粒芝麻放到一个小碗里，我们很清楚就能看到这粒芝麻；把一粒芝麻放到一个盘子里，我们要认真去看，才能发现芝麻所在；把一粒芝麻放到一个大盆里，那么芝麻就会遍寻不到。这就是背景的力量。为了减轻痛苦对我们的伤害，我们完全可以扩大人生的背景，让自己的心变得更加开阔，那么那些无关紧要的小事情就会变得更小，甚至可以忽略不计。这就是心理学上的反比法则。

举世闻名的伟大演讲家约翰·库提斯实际上是一个重度残疾的人。他常常自称是半个人，这是因为他实在太小了。他刚出生的时候，毫不夸张地说，只有可乐罐子那么大。他的腿是畸形的，而且也没有完善的排泄系统，为此医生宣判他只能活到当天晚上。的确，他看起来那么小，那么孱弱，甚至连呼吸都很困难。但是，这小小的身躯里蕴含着巨大的能量，到了晚上，他还活着；到了明天，他还活着；一个月之后，他还活着……他年复一年地活着，成了伟大的演讲家，激励了无数人。

约翰·库提斯就像是一个小人国的人一样存在着，总是被身边人嘲笑和鄙视。因为腿部畸形，他只能依靠双手托着小小的身体四处移动。有一次，一个同学为了捉弄他，在地上扔钉子，结果钉子扎入他的手中，他的手鲜血淋漓，惨不忍睹。还有一次，他被恶作剧的同学扔进垃圾桶。面对这一切的屈辱和委屈，他当然也抱怨过命运，甚至产生过轻生的想法。但是每当看到太阳升起，他就对人生再次升腾起希望：不要放弃！不要放弃！不要放弃！正是靠着不断地鼓舞自己，他才能够坚持到初中毕业。初中毕业后，他历经千难万苦，才在一家杂货店找到工作，自己养活自己。后来，他以优秀的体育表现频繁获奖。这样的人生收获，让自卑胆怯的他鼓起了对于人生的信心和勇气，为此他成了一名励志演讲家，用亲身经历激励和鼓舞了无数人。

在这个世界上，真正的成功只属于那些永不放弃的人。如果约翰·库提斯当年因为被同学捉弄和嘲笑就选择轻生，那么他就不会拥有如此精彩的人生。实际上，在这个世界上每个人都有自己的优势和长处，也有自己的缺点和不足。有些人身体有重度残疾，只是缺点和不足被放大了而已。在这种情况下，一定要对自己有信心，才能坚持不懈，战胜生活中的所有挫折和磨难。

哪怕这个世界充满了不公平，哪怕命运真的在残酷地捉弄你，你也不要哭泣。因为哭泣和抱怨对于改变命运没有任何

第1章 认识压力，解析心理学与抗压力的秘密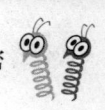

好处，只有心变得坚强勇敢，我们才能真正强大起来。只要你足够强大，这个世界上就没有过不去的坎儿。只要你足够坚强，所有迈过去的坎儿都会成为你向上的阶梯，托举你的人生！

做人生中的平凡英雄

有一次出差，发生过这么一个意外：

大概夜里凌晨两点多，我们一行人刚刚考察完供应商，正坐车连夜赶回公司。连续多日的加班加点早已让我们疲累不堪，于是我们都抓紧时间在车上补觉。汽车行驶在高速公路上，车窗外呼啸的北风在肆意地起舞，我迷迷糊糊地刚要睡着，突然感受到一阵剧烈的震动，整个人惊醒过来。睁开双眼，眼前的一幕让我不禁心惊胆战。原来，我们的车轮倾轧在了一大块钢板上，车辆左侧的前轮和后轮在一瞬间爆胎。司机竭尽全力控制住了车辆的方向，将车辆尽可能地停在了路边，车头距离前方的栅栏仅仅十几厘米。

看到车头如此惊险的一幕，想着差点和死神交锋的惊险时刻，再看到依旧横在马路中间的大钢板，我的心里不住嘀咕："是谁居然把这么大一块钢板落在高速公路上？怎么我们就这么倒霉，还撞上了它。"凛冽的寒风穿透我的毛衣，沙姐看着满面愁容的我，给我递了一件外套："幸好李师傅开车经验丰富，在前轮和后轮都爆胎的情况下依旧能够掌握好车身的方向，否则整个车辆侧翻，我们就真的要出大事故了。"这时，经理夏工接下话："我们这是大难不死必有后福，哈哈。"

都说，一千个读者的心里就有一千个哈姆雷特，每个人不同的人生际遇和成长环境形成了个人不同的特质和心理素质。这样的道理我是懂得的，但是让我印象深刻并内心有所触动的却是他们对这场事故的乐观看法，这让我的内心泛起不少波澜。

接下来的一个小时里，我们一直在寒风中等待着警察的到来。当然，我们并不是傻傻地站在那里等着，我们时而走走停停，享受着这静谧的高速美景，时而闲聊几句个人的家长里短，时而调侃一下车头闪着红灯的消防救援车设计，就在救援车到达的那一刻，我们甚至唱起了"终于等到你，还好我没放弃"的歌曲。

处理完事故以后，已经是凌晨5点多钟，公司领导听说了我们的事故，特意叮嘱我们到家好好休息。后来，我对周围的朋友提起这件事情时，总是喜欢总结道："人生中的意外无法预料，而改变已经发生的糟糕事情的最好办法，就是福祸相依的乐观心态。"确实，就像有人说过的："如果生活抛给你一个柠檬，你可以选择将它榨成汁，然后再加点糖。"

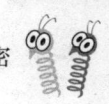

人生在世，我们可能会遇到很多不尽如人意的事情，在让自己变得更好这条路上，我们虽然无法主宰世间的一切，避免一切困难，但是我们却可以试着改变自己的心态，改变自己的选择。毕竟，生活到底是苦还是甜，一定是冷暖自知的，不是吗？而能够得出这正确结果的也必定是真正努力过且有所经历的人，不是吗？

曾经听说过这样一个小故事：

有一个女子跟随着丈夫去到了人生地不熟的国外，每当丈夫出去工作的时候，她只能一个人留守在他们居住的那个小铁皮屋里，不仅炙热难耐，而且由于语言不通，没有人能够跟她聊天，所以她总是孤独且害怕的。

一个星期以后，她实在是受不了这种生活了，于是写信给自己的父母，向他们述说这种苦闷与烦恼，想要寻求他们的帮助。后来，她父亲给她的回信只有短短的三行字，但这三行字的回信却改变了她的一生。她的父亲在信中写道："有两个人从牢房的铁窗望出去，一个人低头看到了泥土，另一个人抬头看到了星空。"女子将父亲的回信读了一遍又一遍，感到非常惭愧，并下定决心要在这异国他乡找到属于自己的星星。

于是，她一改往日愁苦的心态，开始主动与当地人交谈，跟他们学习语言。虽然她经常因为不懂而闹出很多笑话，但是周围的人却因此而更加接纳她，最终，语言不通并没有成为他们变得亲密的障碍，反而因为互帮互助，让他们拉近了彼此的距离。就在这交往的过程中，女子准备找点事情做做，发展一番事业。那里靠着沙漠，她每天观看着沙漠的日出日落，寻找海螺壳。天气好的时候就和当地人一起走入沙漠，研究沙漠中的动植物。女子很幸运，有好几次，她寻找到的海螺壳都是几万年前这沙漠还是海床的时候留下来的珍品。

就这样，女子每天的生活快乐而充实，她将自己的所见所闻都记录下来，想着有朝一日回到国内讲给父母听，定能将他们惊喜一番。就在这日日记录的过程中，女子发现了自己的写作天赋，决定将自己的所见所闻写成一本游历书籍。就这样，带着更多的目的和渴求，女子更加积极地研究沙漠，研究当地的风土人情。两年后，女子如愿出版了属于自己的书籍并畅销国内外。

你看，这世间其实从没有所谓的"天生的幸运儿"，所有的幸运不过是自己改变心态以后，通过不断的坚持和努力，最终实现了命运的逆袭。就像案例中的女子，能够从沙漠中寻找到海螺，又像是牢房中的肖克申，能够抬头看到漫天的繁星。其实只要改变心态，语言不通的人也可以通过互相帮助成为彼此的朋友，原本枯燥乏味的生活也能够充满意义，让你的人生到处都充满希望。就像是西尼加曾经说过的："差不多任何一种处境，无论是好是坏，都受我们对待处境的态度的影响。"确实，心由境生，境由心生。对待同一件事情，很

多时候只要我们的心态发生改变,我们的处境也会发生改变。所以,凡事只要能够以乐观的精神坚持下去,生活中的一切都能够春暖花开,而我们最终也一定能够成为彼此人生中的平凡英雄。

心态乐观,把坏的事情变好

什么是乐观?

面对同一个词语,因为不同的人生经历和体验,我们会有不同的感受和评判标准。百度百科上说,乐观是一个汉语词汇,意思是遍观世上人、事、物,皆觉快然而自足的持久性心境,是一种向阳的人生态度。

小时候,总是认为乐观是一件很容易的事情,不就是让我们每天开开心心、无忧无虑,甚至没心没肺吗?长大以后才发现,不遇到点事情,你还真不知道自己有没有你想象中的乐观。你也会发现,乐观还真不是一件人人都能做到的事情。自以为,乐观源于你的本性,却也少不了后天的磨炼。乐观是我们每个人都应该学会拥有的一种最为积极的心态之一;乐观就是无论在什么样的情况下,你都能够保持良好的心态,相信坏事情总会过去,阳光总会再来。

曾经听说过这么一个小故事:

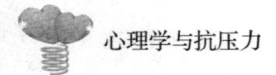心理学与抗压力

山村里住着一个老婆婆，当天不论是艳阳天还是下雨天，老婆婆似乎都不高兴，每次见人都哭丧着一副脸。时间久了，别人就关心地问她为何如此，老婆婆说："我有两个女儿，大女儿卖鞋，小女儿卖伞。天气好的时候，鞋好卖，但是伞就不好卖了。我就为小女儿不开心。天气不好，下雨的时候，伞是好卖了，鞋却不好卖了，我又为大女儿不开心。"有人听了不知道该怎么劝慰她，摇摇头就走了。就这样，老婆婆每天哭丧着脸，村里的人都喊她"哭婆婆"。

后来有一天，村里来了一个外地人，听说了哭婆婆的缘由，就过去安慰哭婆婆："为什么不换个想法来思考呢？天气不好的时候，买伞的人会多，小女儿的生意就会好，这不是非常值得开心吗？天气好的时候，太阳出来了到处都暖融融的，大女儿卖鞋的生意也会更好，这不是也值得开心啦？"哭婆婆一听很有道理啊。从此，哭婆婆整天乐呵呵的，每天见人就笑。大家都说哭婆婆变成了笑婆婆。

其实，这样的故事说来很小，也有点不可思议。但真正套用到我们的日常生活中，却没有那么简单。很多时候，生活中的许多事情不过是套上了一个更加复杂的外壳，暂时迷花了你的眼睛，让你没有看到生活的真相。等你学会剖析，一层一层打开这些外衣的时候，你会发现：其实，生活中的每一件事情都只是一个心态的选择问题，你选择悲观看待，事情就会越来越复杂；反之，你选择乐观对待，事情就会变得越来越简单，

第1章 认识压力，解析心理学与抗压力的秘密

处理起来也会日益轻松。

面对生活中的方方面面，我们都需要学会用一颗乐观积极的心来对待。只有学会积极乐观，人生的诸多磨难才会大事化小，小事化无。我们每个人从小到大，都会经历无数大大小小的事情。人生中的顺境与逆境、快乐与悲伤、理想或现实等，最终都会对我们的心情有所影响。当你遇到值得开心的事情，乐观是一件自然而然就能做到的事情，非常简单。但是当你不顺心的时候，想要乐观，让自己开心起来就不那么容易了。因此，学会乐观是一种能力的培养过程。你的人生是否顺遂，你对自己的人生是否满意，其实并不取决于别人和客观环境，很大程度上都取决于你自己，取决于你的心态是否乐观。就像是拿破仑·希尔曾经说过的：一个人是否成功，关键看他的心态。也就是说，我们的心态在很大程度上能够决定我们人生的成败。

就在前不久，我一个朋友突然被"炒鱿鱼"，而且老板没有多说什么，唯一的理由就是公司的政策有些变化，现在不再需要他了。令他最无法忍受的就是，几个月以前，他刚刚拒绝了另一家同类型的公司。当时那家公司开出的条件比这边足足高了三成。之后他把这事告诉了上面的领导，领导透露给了老板。老板还曾竭力挽留他，说一定会给他一个更好的前景，让他安心留下，专心做好部门的工作。所谓做生不如做熟，朋友最终还是选择了留下，狠心回绝了另一家公司。

如今，这突如其来的被解聘，可想而知，他有多么的沮丧和痛苦。那种不再被需要和突然的背叛带来的痛苦一直缠绕着他，他在情绪崩溃与清醒之间徘徊、挣扎，整个人的自尊心深受伤害。仅仅几天时间，他就憔悴了很多。整个人从朝气蓬勃变得异常消沉沮丧、愤世嫉俗。面试的几个新工作自然也没有成功，这些失败让朋友变得更加暴戾，甚至一点就燃。

后来，朋友无意中看到了一本书，里面讲述了积极心态的强大力量，给了他很多启发。于是，他开始反思，意识到以自己目前的这种状况，悲观消极的心态只会让情况更糟，并且对于改变现状没有任何好处。虽然暂时没有发现更好的解决问题的方法，但是，围绕他的这些负面因素才是使他一蹶不振的主要原因。意识到这些以后，朋友知道必须立刻开始行动，排除掉自己内心的消极情绪，一切才能够有所好转。

于是，朋友开始积极地转变自己的思想，每当自己想起不愉快的往事时，就想办法将它与一些愉快的事情相联系，摒除自己消极的情绪，让自己尽量地开心起来，做任何事情都充满激情。自此，他的整个心态发生了一百八十度的转变。说来也巧，就在他转变心态以后，很快就找到了一份新的工作，是一个做猎头的朋友推荐他去一个更合适的平台，薪资等条件甚至比他之前的公司还要好。

一个人如果能够积极乐观地面对人生中的那些悲伤时刻，乐观地接受诸多挑战和应付遇到的麻烦事情，那他离成功也就

第 1 章　认识压力，解析心理学与抗压力的秘密

不远了。一个真正乐观的人就算是在危机中看到的也会是希望，而一个悲观的人就算是在机遇中看到的也会是绝望。所以，请你相信积极，并学会乐观。因为，乐观积极的心态能帮你把坏的事情变好，而悲观沮丧的心态只会把遇到的好事变坏。

第 2 章
寻根究源,你内心的压力缘何而起

　　生活中,每个人都面对各种压力,那些压力总是挥之不去,不请自来,压力与我们如影随形。我们所面对的有学业压力、工作压力、生活压力、家庭压力等,找到压力的根源,我们才能找准方法抗压。

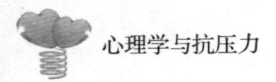 心理学与抗压力

心理压力无处不在

随着生活节奏越来越快,来自社会各方面的压力也越来越大,由此而引发的各种心理疾病也层出不穷。在最开始的时候,人们往往并没有意识到心理疾病带来的危害性,通常,我们只重视身体上看得见的健康,而忽略了心理健康问题。实际上,比起身体上的健康,心理上的疾病对身体的伤害更严重。一般来说,身体上的疾病是可以治愈的,而心理上的疾病却难以医治,一旦犯上某种心理上的疾病,就会直接影响到你的工作、生活和学习。所以,对于每一个生活在激烈竞争社会的人来说,学会呵护自己的心理健康,不给心理疾病可乘之机,才能让我们的工作和生活更加顺遂。

"老师承受的心理压力实在太大了!"这是现代老师喊出的肺腑之言。

有一次考试结束后,章老师将一份全年级化学小测班级平均分的排名拿给与自己同场监考的王老师看。王老师所带班级的化学成绩一直不是很理想,这次小测,他所教班级平均分不仅又垫底,还比以前略有下降。第二场考试开始了,王老师叹着气与章老师一同走进考场。刚发完试卷,教室里突然传出一个男性的歌声。"谁啊?"安静的教室里顿时炸开了锅,章老

第2章 寻根究源，你内心的压力缘何而起

师和同学们一起搜寻那个破坏考试秩序的人。然而，师生们惊奇地发现，唱歌的居然是王老师。

王老师的行为让大家觉得既奇怪又好笑，随后有同学大声叫"老师，别唱了"，章老师也把王老师拉到一边，劝他别唱了。可是，王老师似乎听不见任何人说话，依旧唱个不停。章老师急忙向校领导报告，并找来医生进行诊断。医生表示，王老师受了不良刺激，心理压力太大引发失控行为。

同事某女老师也发生了类似的状况，"我教学能力这么强，人又长得漂亮，为什么领导不重用我？"在办公室里，老师们忙着备课批改作业，某女老师突然蹦出这么一句话，让同事们感到莫名其妙。有老师说，每次考试结束，校领导把全区其他学校的成绩领回来比较的时候，那个女老师都十分紧张，然后就吃不下饭了。有时候看见她在操场上走着都会说胡话。

在以前，大家都认为教师这个职业是一个比较轻松的职业。但近年来，一些社会舆论认为学生学不好，责任在于老师，因而老师所承受的压力非常大。而且，随着这些年来进行大规模的课改，教材更新，一些老师尤其是年纪较大的老师已经感觉到"力不从心"，适应不过来，加上自身心理调适能力较弱，就会产生心理问题或者心理疾病。

1. 心理压力对社会各阶层人士的困扰

据调查，现代人中产生心理问题和疾病的人数急剧增加，几乎超过了心血管病患者人数，跃居疾病患者的首位。社会各

阶层人士都有着心理上的困扰，如果不及时调节，久而久之就会形成一种心理疾病。都市白领会在紧张的工作中焦虑不安，产生抑郁症、精神障碍等心理问题和疾病；遭受情感挫折的人调节不当，也会或多或少地患有心理疾病；家庭贫困的人长期承受经济压力极有可能导致心理疾病；事业受挫的人若因失败的打击长期处于一种失衡状态中，又不能自我调节，极有可能诱发精神障碍、抑郁症、自闭症等心理疾病。事实上，一些竞争比较激烈、责任比较重大的行业里，许多人承受过大的压力而被心理疾病所困扰。因此，心理健康不容我们任何一个人忽视，心理上的健康与身体上的健康一样重要。

2. 你是否做过心理体检

尽管心理压力大，但大多数人依然没能及时去做心理体检。由于现代人普遍工作节奏快、竞争激烈、心理压力大，抑郁、焦虑和强迫已成为人们的主要心理疾病。为此，专家呼吁，应加大对自身心理健康的关注和重视力度，建议人们每年做一次"心理体检"，把心理疾病危害程度降到最低。所以，面对心理疾病，我们要舍弃听之任之，及时进行疏导，必要时可以向心理专家进行咨询，以此保持自己心理上的健康。

许多人都有这样的问题，心理上的压力很大，却又得不到释放。而且，随着社会竞争越来越激烈，这样的压力会越来越大，几乎到了崩溃的边缘。近年来，因为承受不了各种压力而选择自杀的人不在少数，究其原因就是心理疾病的困扰，更有

第2章 寻根究源，你内心的压力缘何而起

甚者为此患上了抑郁症，失去了生活的勇气。因此，在现实生活中，我们不要忽视心理上的健康，只有保持身心健康才能扬起生活的风帆，走向人生的成功之路。

经济压力伴随超前消费应运而生

当今社会，在市场经济条件下，当人们的消费欲望超出了自己的购买力时，超前消费就应运而生了。超前消费的观念诞生于西方国家，而中国人往往习惯于把钱放在银行里或者箱子里，以此获得安全感。后来，西方超前消费的观念慢慢渗透中国，人们发现原来生活还有另外一种方式，即便是背负着债务，还是可以活得很潇洒。于是，由开始的质疑到后来的接受，如今，超前消费更成为人们的口头禅。年轻人热衷于办各种各样的信用卡，上班族开始考虑通过向银行贷款买房买车，许多人成了"房奴""车奴"，却乐在其中。但是，在这个过程中，有人也提出了反对的声音，认为"超前消费葬送了美国人的梦想"，似乎金融风暴就在眼前。人们对"超前消费"的生活方式也开始矛盾起来，有人不甘愿当一辈子"房奴"，但迫于现实只能乖乖就范。其实，超前消费有利有弊，把握不好就往往沦为自己所追求的消费品的"奴隶"，因而，面对超前消费，我们更需要量力而行，把握好适合自己的度。

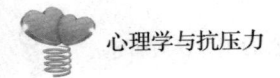

阿美，公务员，月收入3000元。去年11月，阿美如愿按揭了一套房子，拿到房产证的当天，阿美如释重负：我终于不需要再租房了，我终于成为"有房一族"了，我终于是房子的主人了。

然而，月供1715元的房贷让阿美有窒息的感觉，承受着"一天不工作，就会被世界抛弃"的精神重压，不敢娱乐，不敢生病，除了买书以外不敢高消费。自己的辛酸不足为外人道也，至此，阿美终于发现，自己其实并不是风光八面的房主，而是货真价实的"房奴"。

阿美常常想，要是不买房，节省下来的钱足以使我的生活质量提升一个档次；要是不买房，节省下来的钱也足以让远游的自己多一份孝敬父母的心意；要是不买房，自己也势必活得更有尊严，不必承受许多原本不该有的精神重压。自己拥有了房子，却失去了幸福；自己得到房子的同时也承受了压力，这真是一种悖论。有时，阿美不免这样问自己：买房难道是一种美丽的错误吗？特别是对于像我这种收入水平的人而言。但转念一想，要是不买房会怎么样呢？那就要持续租房。买了房子是"房奴"，不买房子是"流浪一族"。要填平两者之间的鸿沟，也许只能企盼房价下跌。

一方面，现在的房价一天比一天疯涨，大多数居无定所的年轻人决定当"房奴"，在力所能及的情况下，过着比较拮据的生活。另一方面，房地产行业的利润高得让许多当事人不好

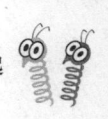

意思说出口，尽管阿美已经买了房子，但看到这样的情形，想必有一种复杂的情感。阿美的超前消费还算在自己的能力范围之内，即便是过得辛苦点，但自己已经不再流浪了，也就心安理得了。

"下个月又有3000元信用卡欠款要还，唉……"每月拿到刚发到手的5000元工资，章小姐一点也兴奋不起来，她都会皱着眉头盘算这有限的5000元该如何分配，这个月才能躲过财务危机。

章小姐是一个小资情调比较浓但又很精明的女人。为了保证自己的生活质量和品位，章小姐从内心里感谢发明信用卡的那个人。因为有了信用卡，她才得以实现她的理想生活——虽然收入一般，但名牌衣服、高档化妆品、数码相机、笔记本电脑、高档家具一样不少，这些都极大满足了她的虚荣心。

通过信用卡消费，章小姐得到了很多超出自己消费能力的物品，但"天下没有免费的午餐"，债终究是要还的。平均每个月收到三四份不同银行寄来的对账单，总还款额每月不低于3000元。而她每月的总收入也不过5000元，除了还信用卡之外，她还要应付房租、水电费、交通费用、社交活动费等，这让她时常感觉到财务紧张。对她来讲，这些账单就像是一座无形的大山，压得她喘不过气来。

章小姐成了名副其实的卡奴，且生活得如此劳苦不堪。自己被逼到这种生活地步，究其原因，并不完全是竞争激烈的社会现状，而是她没能好好规划自己的人生事业，每天追求于小资情调的消费，迷迷糊糊地过着日子，随波逐流地选择与自己的收入不匹配的消费方式，以至于把自己逼到了"奴隶"的境地。如果章小姐想摆脱这种束缚，那只有对自己的人生合理规划，摆正心态，清楚地认识自己的人生目标，选择适当的消费，舍弃奢华的消费，才能够驾驭自己的人生。

近几年，"房奴""车奴"和"卡奴"等一些新词汇开始悄然流行起来，虽然每个人嘴上都显得心不甘情不愿，但却乐得享受当下的生活。那些新颖而又独特的字眼进入了大众视野，实际上，广大的消费者已经成了房子、汽车、信用卡的"奴隶"。他们必须努力工作，向某个或几个"债主"支付利息或无报酬的服务，那几个债主就是现实存在的房子、汽车、奢侈品，其中的压力只有他们自己清楚。

1. 超前消费，必须是自己迫切需要的

知名的经济学家说："适当的超前消费是可以的，但必须是自己迫切需要的，且能通过合适的途径来还清这部分钱。"另外，从经济学角度看，超前消费可以通过储蓄和贷款对消费进行跨期替代，实现自身效用最大化，这在某种程度上是合理的。

2. 超前消费不等于过度消费

我们不能忽略超前消费所带来的弊端，那就是容易滋生盲目攀比，追求高消费，在偿还无力的情况下，做出违背道德甚至触犯法律的事情。所以，超前消费并不等于"过度消费"，

必须控制在力所能及的范围之内。

3. 理性消费

在日常生活中，不要被银行或商家的促销手段冲昏头脑而盲目消费、冲动消费、过度消费，只购买自己需要的，控制购买欲望。理财是需要持之以恒的，平时调整自己的消费习惯，避免消费和自己的收入不匹配。一旦过度消费，不能如期按时还款，都将导致自己的经济状况变得糟糕。

当面对欲购买的消费品在自己支付能力之外，即便是选择超前消费也填补不了那个无底洞时，你就应该质疑自己的消费方式了。只有控制消费的欲望，选择适当的超前消费，才会打理好自己的财富人生。

过了三十，你顶得住逼婚压力吗

在父母那一代，20岁左右就结婚生子了，而现在的年轻男女到了30岁还不结婚的比比皆是，这两代人之间的鸿沟越来越大。随着年龄的增长，父母催促剩男剩女早点结婚，即便是在平日生活中也经常有意或无意地提起婚姻的话题，这给剩男剩女带来了极大的压力。"你年纪也大了，应该考虑婚姻问题了。"这样的话不是偶尔听到，而是经常听，天天听，时间长了，一旦听到这样的话，就触动了剩男剩女的敏感神经。他们长时间地承受着社会和内心的压力,容易造成一定的心理问题,他们害怕谈论恋爱和婚姻问题,不喜欢别人的指指点点、冷言冷语,多次相亲未果,恋爱不成,他们就开始怀疑自己,认为自己找不到对象,但又不甘心将就婚姻,心里就这样矛盾着。这时候,如果家里再上演"逼婚"的剧目,他们就有可能因压力做出仓促的决定。

今年已经35岁的小曼因为一直没嫁出去,每次回家都被母亲念叨。当家人们劝小曼早日出嫁的时候,她情绪非常激动:"你们别再逼我了!妈妈你就这么希望我走吗?"站在旁边的弟弟看见姐姐对母亲这样大嗓门,心里很恼火,说:"你年纪这样大了,早该找户人家嫁了。"说着,姐弟俩吵起来,弟弟甚至动了手。后来,小曼到医院检查后,发现自己左侧三根肋骨骨折。

这样的事情传出去之后,不少剩女表示:"这事情太吓人了,得赶紧把自己嫁了。不过话又说回来,结婚这件事不是你想结就能结的,也不是你想娶我就非得嫁,一定要两人看对眼吧。"一位剩女则说:"剩女们伤不起啊,看在肋骨的面子上,争取快快脱单吧。"还有一位剩女表示:"看来将来我穿防弹衣加钢盔都还不够,还得再加一圈钢板。"

像小曼一样,多少大龄剩女正被父母念叨着,她们那根敏感的神经经常被触动着,情绪处在爆发的边缘。每每到了回家的日子,剩女们总是心惊胆战的,既想回家,又怕回家,怕

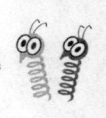

回家就被父母念叨结婚的事情。尤其是老家是农村的女孩子，在农村凡是超过20岁的女孩子就算是大龄剩女了，在父母的眼里，这样的年纪已经很难找到合适的人家了。因此，父母特别着急，他们将自己内心的焦虑转化成对女儿的念叨和逼婚，有的父母甚至骗女儿回家相亲，这样的情境屡见不鲜。

小瑶今年25岁，在老家也算是大龄剩女了。每次接到父母的电话，无非就是那句话："最近相亲没？遇到合适的就嫁了吧。"每次去亲戚家，她都会受到亲戚的"教导"："小瑶，你今年也有25了吧，年纪算大了，赶紧找个合适的对象，看你爸妈整天为你的事情担心，吃不好、睡不好的，他们年纪大了，把你培养成人，现在不是该让他们安心的时候吗？你早点把事情解决了，他们也少操心。"每到这时，小瑶就要抓狂了，虽然，她对于这样的劝说很反感，但心里也有对父母的愧疚感。

小瑶经常对朋友说："你说我是不是应该快点去找个男人嫁了，否则就对不起父母？"虽然，朋友婉言开导，但小瑶始终被这样一个问题困扰着。她觉得自己不应该那么任性了，以后相亲时就听父母的吧。

在后来的相亲中，小瑶不再那么排斥了，也听了父母的意见。不到两个月就相到了一个"合适"的对象，之所以说合适，是因为男方的工作、家境都顺了父母的意，而两人之间也不太反感，就试着交往了。交往半年，双方家庭开始催婚了，

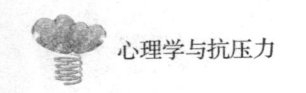

小瑶就这样被送进了围城。

婚后,小瑶才发现那个男人根本不是自己想要的,彼此没有什么共同语言,两人待在同一所房子,却没有什么交流。她才意识到自己当初太仓促,但为时已晚,现在也不能着急离婚,因为怕父母担心。

生活中,一些剩男剩女会经历这样的过程,先是反感父母的催婚,后来承受不了家庭的压力,他们妥协了。凡事都听父母的,让父母一手去安排,父母觉得合适的,他们也不说话了。最后,按照父母的眼光,找了一个各方面都"合适"的对象,把婚事办了,结婚之后才发现自己的幸福已经被毁了,但为时已晚。其实,越是剩男剩女,越需要抗住家里的压力,毕竟,结婚是人生大事,不能仓促进行,而是需要选择一个合适的对象。

1. 积极参加社交活动

在父母的压力下,剩男剩女也要积极参加社交活动,创造与异性沟通的机会。剩男剩女可以利用自己的业余时间学习烹饪、运动,去健身房,练习瑜伽和交际舞,参加单身派对等活动,这样不仅丰富了自己的业余生活,也增加了认识和了解异性朋友的机会,这比起父母安排的相亲、亲朋好友的介绍更合适,从其中去选择自己的另一半,建立在这种深入了解基础上的婚姻会更稳固。

2. 与父母好好沟通

父母与孩子在婚姻大事上通常不能达成统一的意见,父

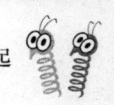

母关心，对方的工作是否稳定、工资是否高、家境是否好，而年轻人则看重对方的外貌、品行等方面。对于这样的分歧，需要与父母好好沟通，尽量达成统一的意见，需要让父母明白："感情是两个人过日子，它所需要的是内在条件，而不是外在硬件。"当遇到与父母不同意见的时候，一方面可以说服父母，另外一方面也可以适当听从父母的，毕竟父母也是为了孩子的幸福着想。

大多数剩男剩女是因为社交圈比较狭窄才剩下来，所以平时要积极参加一些社会活动，如朋友的聚会，给自己创造机会，克服等待心理，主动出击，扩大自己的交际圈。对于父母及身边亲戚给予的压力，要适时缓解，不要在强压之下变得对婚姻毫无看法，毕竟最后的婚姻生活需要你自己经营。

坏习惯会导致巨大的生活压力

你是否感到压力重重？那你是否有这样一些习惯呢：早上若是感觉不怎么饿，就干脆不吃早餐，也省去了麻烦，如果实在想吃早餐，也会去小摊买点油炸食品；中午休息时间太短了，直接到快餐店来份午餐，匆匆解决掉；晚上几个好朋友一起海吹喝酒聊天吃火锅，玩得不亦乐乎；深夜了还会在街上吃点夜宵再回家……

现代社会，不管是工作还是生活都给人们带来无形的压力，压力大的人总感觉疲惫不堪，烦躁不安，或者焦虑，这对身体健康十分不利。或许你会问，到底是什么原因让自己的压力重重呢？实际上，有些压力来自你自己的一些生活习惯，例如以上这些生活习惯。

甚至，沉重的压力还会导致人们的身体进入亚健康状态。可能有人还在疑惑，亚健康到底是什么？用比较通俗一点的话说，就是你已经接近生病了，虽然从表面上还看不出什么具体的症状，身体上也没有什么明显的不适，但是也许就在你转头的那一刹那，疾病就出现了。当真正的疾病来临，你可能还在迷惑之中：身体不是好好的吗，怎么说病就病了呢？其实，这就是你没有及时地认识到自己的身体已经处于亚健康状态。

梦洁刚刚大学毕业，在家人和朋友的帮助下找了一份不错的工作，每个月薪水不少，唯一不足的就是太忙了，忙得都没有睡觉的时间。所以，早上为了能赖那么十几分钟的床，她索性就省去了早餐。有时候，闻着隔壁小吃店的美味，也忍不住买点吃。但是，她从来不喝牛奶吃面包之类的，她觉得那样的饮食搭配寡然无味，还不如吃点油炸食品。

中午的时候，别的同事都出去吃饭了，梦洁还在公司忙碌着，经常都是点外卖，吃着快餐店的饭菜，她都分辨不出什么是美味、什么是难吃，只要能吃饱就好了，这样下午才有力气工作。在她看来，中午这顿不用花多少心思，因为白天大家都

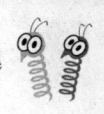

忙，还不如留着肚子晚上吃个痛快。傍晚，梦洁结束了一天的工作，邀约几个好朋友去酒吧玩，喝酒唱歌跳舞，好像把白天工作所带来的那种负荷都摆脱得一干二净。玩到很晚，大家才散伙。因为在酒吧只顾着喝酒，这时候才发觉饿了，于是又吃着路边的烧烤，或者回家煮包泡面。

她从来没有觉得自己的饮食有什么问题，直到最近觉得身体不太对劲。在医院，当医生把"亚健康"这样的字眼抛给梦洁时，她有些不相信，自己才刚刚大学毕业正值青春年华，怎么会处于亚健康状态呢？医生说："你们这个年龄的年轻人，自认为身体好，就不珍惜身体，不注意饮食，久而久之，当然容易亚健康。所以，你们要特别注意自己的饮食习惯，否则还会引发身体疾病。"梦洁拿着医师开的营养饮食清单，心里却在想，自己还真舍不得那深夜的美味烧烤呢！可是，身体又出现了健康问题，她陷入了纠结。

也许，我们身上都有梦洁的影子，不讲究早餐午餐的营养，却贪念深夜的美味烧烤。但是，如果不良的饮食习惯和身体健康摆在面前，自己又会做出怎样的选择呢？虽然被医生警告，但有的人还是"不见棺材不掉泪"，任性地折腾自己的身体，直到躺在了医院才发现事情的严重性。其实，在这样的情况下，我们应该作出正确的选择，舍弃不良的生活习惯，摆脱亚健康的影子，让身体恢复健康。当你有一个健康的身体时，心情自然也会好起来，也会使压力得到缓解，工作也很有劲儿

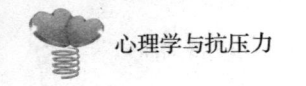

了，你会发现生活原来是多么的美好。

美国《赫芬顿邮报》总结了10种会诱发压力的不良生活习惯，各位不妨自我检测一下：

（1）沉湎于数字媒体。这种行为会导致自己产生孤独感、工作倦怠感。

（2）压抑感情的宣泄。压制情绪会让压力内生化，从而对身心健康造成负面影响。对造成压力的事件采用积极的方法应对，就能增强对它的掌控能力。

（3）久坐不动。研究表明，缺乏运动会给人的生理和心理带来挫败感，锻炼能很好地克制焦虑情绪。

（4）为金钱不顾兴趣爱好。有大量的心理学研究表明，财富会引发压力效应，破坏幸福感。很多人相信钱可以使我们感到幸福，但事实上，除了那些极度贫困的人，钱并不一定能买来幸福。

（5）追求完美。普通人不要刻意去追求完美，力争把事情做好即可。培养感恩之心有助于完美主义者适度降低他们的预期水平，从而减轻压力。

（6）对一切事情过度分析。反复思考只会增添更多的焦虑情绪，对女性来说更是如此。

（7）购物成瘾。物质至上主义者会增强压力的不良效应。

（8）介入别人的压力。大脑很敏感，当人们接近别人的压力圈时，就会发出感到担心的信号，让人容易做出承受压力的

效仿行为。

（9）认为压力所引起的睡眠障碍不重要。短暂的压力并不会影响睡眠，但不重视这种现象，进而导致长期缺乏睡眠，会让人更承受压力。

（10）过分注意自己的财务状况。为了达到收支平衡而努力奋斗不仅会引发焦虑感，还会影响到认知能力。

这些不良的生活习惯会给我们带来无形的精神压力，在不知不觉间赶走快乐，使人们变得焦躁和不安。如果你感到一些无形的压力，那么先来自我检测一下，你是否具备这些不良的习惯呢？如果存在，那就想办法改掉这些不良习惯吧。

无助的心境，放弃了任何努力

人们将捕捉到的小象拴在木桩上喂养。小象小时候曾想过逃跑，但是，那时候它们力气还小，无论如何用力都挣脱不了木桩的束缚。时间久了，在小象内心深处就树立了一个牢固的信念：眼前的木桩是不可能被扳倒的。即使小象长成了大象，它已经有足够的力量去扳倒一棵大树，但却对圈禁它的木桩无能为力，这是一个奇怪的现象。美国心理学会主席塞利格曼把这种现象称为"习惯性无助"。

塞利格曼也做过一个类似小象的实验：刚开始把狗关在笼

子里，只要蜂音器一响，就给狗难受的电击，狗关在笼子里逃避不了电击，多次实验之后，蜂音器一响，在给电击前，先把笼门打开，这时狗不但不逃，反而不等电击就先倒在地上开始呻吟和颤抖，本来可以主动地逃避却绝望地等待痛苦的来临。那么，在人身上是否也存在这一特性呢？

不久之后，塞利格曼进行了另外一个实验：他将受试者分为三组，让第一组受试者听一种噪声，这组受试者无论如何也不能使噪声停止；第二组受试者也听这种噪声，不过他们可以通过努力使噪声停止；第三组是对照，不给受试者听噪声。当受试者在各自的条件下进行一阶段的实验之后，又令他们进行了另一种实验。实验装置是一个"手指穿梭箱"，当受试者把手指放在穿梭箱的一侧就会听到强烈的噪声，但放在另一侧就听不到噪声。通过实验表明，能通过努力使噪声停止的受试者以及对照组会在"穿梭箱"实验中把手指移到另外一边；但那些不能使噪声停止的人仍然停留在远处，任由噪声响下去。这一系列实验表明"习惯性无助"也会发生在人的身上。

习惯性无助，通常是指动物或人在经历某种学习后，在情感、认知和行为上表现出消极的特殊心理状态。人们不自觉地沾染上习惯性无助，就会有一种"破罐子破碎""得过且过"的心态，而且，这种消极心态还有可能会感染他人。有的员工在向客户打电话的时候，电话还没有接通就开始说："你们没有这个计划啊？那好，再见。"脸上没有失望的表情，似乎习

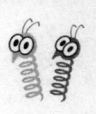

以为常，即使上司告诉他"这个单子你去跟一下"，他也会无奈地表示："跟了也没用，他们没兴趣的。"这些都是生活中典型的"习惯性无助"，也许他们就是我们的一个缩影。

有一天，心理学教授罗伯特先生接到了一个高中女孩的电话，在电话里，女孩子带着沮丧的口吻重复着："我真的什么都不行！"罗伯特教授感觉到她的痛苦与压抑，他亲切地询问："是这样吗？"女孩好像对自己特别失望："是的，我和同学的关系不好，大家都不喜欢我，我的学习成绩一般，老师也不正眼瞧我，妈妈把所有的希望寄托在我身上，但我却无法满足她的愿望，我喜欢的男孩也不再喜欢我了，我已经感觉不到生活里的阳光了……"罗伯特教授追问："那你为什么要打这个电话？"女孩继续说："不知道，也许是想找个人说说话吧！"经过一番交谈，罗伯特教授明白了女孩的问题——习惯性无助，却又缺乏鼓励。假如一个人长时间在挫折里得不到鼓励与肯定，那真的会逐渐养成自我否定的习惯。

接着，罗伯特教授说："我觉得你有很多优点，如有上进心、是个懂事的孩子、说话声音很好听、很有礼貌、语言表达能力强、做事情认真、能够与人沟通……你看看，我们才聊了一会儿，我就发现你有这么多的优点，你怎么能说自己什么都不行呢？"女孩惊讶地问："这能算优点吗？没有人这样说过呀？"罗伯特教授回答说："从今天开始，请把你的优点写下来，至少要写满10条，然后，每天大声念几遍，你的自

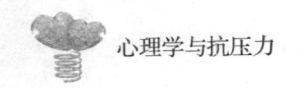

信心会慢慢回来，要是发现了有新的优点，别忘了一定要加上去啊！"

罗伯特教授这样告诉他的学生："在我们的身边，可能也有许多人像这个女孩一样，在经历过挫折之后就觉得自己什么都不行，但是，我希望你们今后彻底打消这种念头。无论什么时候，在做任何事情之前，都不要急于否定自己。"

1. 经常说自己不行，最后真的不行

经常把"我不行""我不能"挂在嘴边，这是一种愚蠢的做法。因为心里暗示的作用是巨大的，当自己在经受某个挫折就断然给自己下结论"不行"，实际上是给自己一个消极的心理暗示，时间长了，你真的会习惯性地说"我不行"。

2. 可怕的不是环境，而是面对失败的态度

多次失败之后，人们成功的欲望就减弱了，甚至会习惯失败而不采取任何措施。其实可怕的不是环境，不是失败本身，而是这种无能的感觉，我们面对失败的态度！当习惯成了自然，习惯性无助就会粉墨登场——破罐子破摔，得过且过，从而成为侵蚀思想的蛀虫。

有些人经历了一两次挫折之后，对于失败的恐惧远远大于成功的希望，怀疑自己的能力，使得他们经常体验到强烈的焦虑，身心健康也受到影响。而且，他们认定自己永远是一个失败者，无论怎样努力都无济于事，即使面对他人的意见和建议，他们也还是持消极的心态。这样的心态，我们应该尽量避

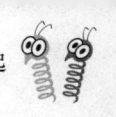

免，正确评价自我，增强自信心，让心坚强起来，摆脱无助的境地。

心累，职场关系比工作本身更难

10月10日是世界精神卫生日，统计数据显示，目前我国100个人中，有6个人是抑郁症患者，其中以25~40岁的年轻人居多。专家提醒，人际关系与职场压力已成为年轻人患焦虑、抑郁等疾病的首因。所谓职场如战场，造成上班族工作压力的原因中，"人际关系紧张"已经排在压力源的第一位。作为职业者，每天的工作已经非常繁忙了，但每天令人们头痛的依然是：为什么同事和老板都那么不好相处？

拿破仑曾说："不想当将军的士兵不是好士兵。"在职场生涯中，每个人都希望成为将军，哪怕不是将军，也要为自己谋得一官半职。那么每个步入职场的人首先面对的问题，则是善于沟通创造办公室和谐环境、营造良好的人际关系网。不管是新入职场的年轻人，还是职业遭遇"瓶颈"的老员工，这都是非常不容易做到的。

总公司的销售经理王乐最近才到分公司来指导工作，与下面的同事还不是很熟悉。因此，她为了与同事之间建立融洽的关系，有助于进一步完成自己的工作，她在来公司的一个周末

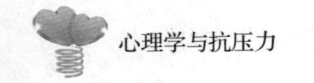

就邀请同一个部门的同事一起吃饭。

大家在吃饭的时候,不知道是谁无意间谈起了刚刚离职的副总经理张慧,入职不久的小李心直口快地说张慧脾气不好,经常无故对下属发脾气,很难相处。王乐这时候插了一句:"是吗?是不是她的工作压力太大造成心情不好?"小李撇撇嘴,说:"我看不像是工作压力大的原因,30多岁的女人嫁不出去,既没有结婚的兆头也没有男朋友,老处女都是这样的,显得有点心理变态。"说完,一个人笑了起来。可是,刚才还争相发言的同事听完小李的发言都闭上嘴巴。因为,除了入职不久的小李,在座的很多老员工都知道,王乐也是一位还没有结婚的老姑娘。这时,好在一位同事及时转换话题,才免去了王乐隐隐的难堪。

饭后,小李从老员工那里得知了事情的真相,不禁为自己那句话悔青了肠子。

从这个案例可以看出,职场成于沟通,亦败于沟通。人际沟通是一个复杂的心理和社会过程,在大部分组织中,沟通不畅是其面临的一个基本问题。从人际误解到财政、运营和生产问题,无不与沟通低效有关。而这种沟通不良主要来自两个方面,一个是从上到下的沟通障碍,另一个是从下到上的沟通障碍。

职场人际关系的压力对于职场新人而言尤其表现突出,刚进职场的新人对于职场上许多规则都是陌生的,容易出现说错

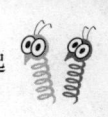

话、鲁莽、急于表现的情况，这样很容易引起别人的反感甚至敌意，给领导和同事们留下一个刻板的印象。而在事情尚未弄清楚的时候，做出一些不合时宜的举动，也会得罪身边的同事和领导。

那么，如何缓解这种职场人际关系的压力呢？

1. 倾听同事抱怨，但不要被坏情绪感染

喜欢抱怨和做事消极的同事总是令人讨厌，不过如果完全不搭理他们会认为很无情，所以当同事抱怨的时候，自己可以怀着同情心倾听，但不要被对方的坏情绪所感染。在倾听过程中，可以在合适的时间打断对方，问对方解决问题的方法。

2. 不要纠结于小事情

在工作中坚持原则很重要，不过事无巨细地过分坚持，则会让你消耗太多的精力。通常高情商的职场人懂得保持精力的重要性，他们只选择那些有把握且关键问题做出适时的调整，同时坚持自己的观点。

3. 对同事的无理取闹予以不理

通常一些不靠谱的同事会把你逼疯，因为他们的工作方式不符合逻辑。不过我们用不着认真地予以回应，哪怕对方正在做无理取闹的事情，采取置之不理的态度反而是最好的回应。

4. 不用那么在乎同事的评价

同事的评价或许会给自己带来成就感和满足感，不过别把这些评价当成自我认可的唯一理由，更不用反复地将自己与他

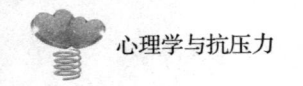

人作比较，毕竟你的自我价值是源于内心的东西。

5.不要喝太多咖啡

咖啡因会促使肾上腺素释放，它是攻击或逃避反应的来源，它可能让你遇事后快速反应，但也可能让你回避理性思考。所以当工作很累的时候不要硬撑着，不要喝太多的咖啡，只有好好休息才能恢复精力。

建立和谐的人际关系要善于选择沟通方式，随着互联网的普及和电信的发展，电子邮件、短信、即时通信成为人们沟通的新方式。对于职场中人而言，沟通方式的增加以及新的沟通方式的方便，并不意味着放弃传统的沟通方式。这就要求我们在处理不同工作时，认真选择更利于解决问题的沟通方式，只有运用正确的沟通方式，才能得到自己想要的结果。

第 3 章
自我调整,抵抗压力最好的武器是内心的积极

压力往往是因外界因素给我们内心造成的一种感觉,正所谓"心病还需心药医",症结点在于内心的感受,那就需要从心态上调整,只有心态积极了,内心强大了,才能真正地抗压。

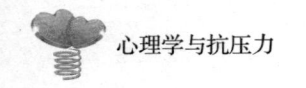

生活需要压力，才显得更真实

生活中，从来不缺乏各种各样的压力：生存的压力、工作的压力、金钱的压力、心理的压力，等等。在这个被压力压得喘不过气来的社会，我们该如何缓解内在的压力呢？太过负重的压力对我们的情绪会产生重要影响，一旦压力来袭，情绪就会变得很恶劣，容易生气、烦躁，似乎看什么都不顺眼，内心的情绪积压过久，总想痛快地发泄一通。所以，别给自己太大的压力。

如果我们将任何事情都当成了一种负担，并在重压之下生活，那我们会整日生活在压力、痛苦、烦躁和苦闷之中。一个人若是背着负担走路，那再平坦的路也会让他感到身心疲惫，最后他会因为不堪生活的压力走向不归路。当重重压力袭来的时候，不妨巧将压力变成动力，如此让自己如释重负，而且还能将事情做得很好。

这些天，小王正在学习弹琴，由于基本功不太扎实，他练起琴来很费力，尽管自己付出了许多辛勤的汗水，可是，就是不见效果。但是，他心里又极度渴望自己在琴技方面能够有所突破，于是，他每天强迫自己练琴四个小时。

这样，时间长了，他变得时常焦虑，心理上把练琴当

第3章　自我调整，抵抗压力最好的武器是内心的积极

成了一种压力，他常常烦躁地问老师："我是不是练不好了？""我还能行吗？""怎么这么练都不见效果，我干脆还是不练习了吧？""难道我就这么放弃了吗？"老师听了，只是微微一笑："你不要自己到处惹气生，放松自己，缓解心中的压力，卸下负担，将压力变成动力，这样，心情好了，琴艺自然会有所进步。"过了不久，小王的琴艺真的进步了，而之前弥漫在脸上的阴霾早已消失得无影无踪。

人一生中都会面临两种选择，一是改变环境去适应自己，二是改变自己去适应环境。既然压力是无处不在的，根本无法彻底消除的，那我们何不积极地改变自己，正确引导各种压力成为自己前进的动力呢？

一位留学英国的朋友回国，向同学们讲述了自己在国外的生活："刚开始，我在国外的时候，由于自己英文很烂，害怕出糗，整天就把自己关在屋里，看书、上网、看电影，这样的生活状态整整维持了一个月，快让我崩溃了，我开始想，自己是否应该干点什么？"后来，她去了国家应用科学院求学，刚开始的时候，老师讲课自己一半都听不懂，而且，老师讲课也没有教材，只能靠自己做笔记，压力非常大。当时，她想自己只要及格就行了，没有必要追求名列前茅。于是，每天，她都会拿着同学的笔记来抄，然后，就跟自己的男朋友一起出去约会。

临近考试的时候，她才开始"抱佛脚"，背诵笔记，每

天只睡3个小时，第一次考试，她及格了。虽然，自己的分数并不是很高，但是，令自己高兴的是老师给全班同学发了一封邮件，在信里，老师这样说："这次考试，我以为出的题目比较难，但是，令我没有想到的是，班里的三个留学生考得还不错，希望你们继续努力。"老师的鼓励令她受到了鼓舞，她开始认真听课，成绩也越来越靠前了，到了第二年，她的成绩就排在了全班第一，这样的成绩不仅令同学感到惊叹，连她自己都觉得不可思议。最后，她这样说道："在国外求学的经历堪称跌宕起伏，但是，我并不觉得有什么不好，这些所谓的挫折与困难，让我学会了承受，让我赢得了最后的胜利。我们的生活需要适当的压力，压力教会了我们什么是坚持，最重要的是，让我远离了那种无聊、烦闷的生活，而重新拾起了久违的快乐。"

当压力成为自己前进的动力，那生活将会变得异常美好。生活中其实是需要压力的，当我们感觉不到压力的时候，你会发现充斥在生活中的都是无聊、烦闷的气息。但是，一旦生活有了某种压力，在压力的打压下，不自觉地将这种压力转化为动力，那我们做什么事情都会精神十足，因为压力驱使着我们将事情做得更完美。

现代社会，几乎每一个人都有压力，其实，适当的压力对我们自身是十分有用的。一个人的潜力究竟有多大呢？我想大多数人都不清楚，对此，科学家指出：人的能力有90%以上处

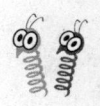

于休眠状态，没有开发出来。是的，如果一个人没有动力，没有磨炼，没有正确的选择，那么，积聚在他们身上的潜能就不能被激发出来，而压力会给他们这样的动力。

生活太苦了，不如加点糖

人人都在抱怨生活的艰难，这不是因为人们的心态太过消极和悲观，也不是因为人们承受挫折和磨难的能力有限，而是因为生活的真相就是不如意，生命的本质就是一波未平一波又起。既然不如意是人生的常态，我们可以用抱怨来发泄情绪，却不要一味地抱怨。因为抱怨归根结底没有用处，反而会导致各种问题变得更加糟糕。如果你觉得生活就像一杯苦咖啡，的确太过苦涩和难以下咽，不如从现在开始，给人生加点儿糖吧。虽然生活不会因为这一点点糖而感到甜蜜，但终究是可以改善苦涩的味道，也是可以让人生有不同的呈现的。

作为一个普通而又平凡的人，我们没有能力去改变一切，甚至没有能力在人生中有更好的成长和发展。对于生活中经常会遇到的问题，我们有可能因为能力有限而无法从容面对，在这种情况下，饱尝生活艰难的你未免会觉得心力交瘁，也会觉得内心有无穷无尽的烦恼，甚至对于生活还会失去希望和热情。为了让自己再次点燃心底的希望，再次对生活满怀热情，如果不能改变生活的本质，为何不能粉饰生活呢？就像一个穷人住着破破烂烂的房子，对于他而言，根本没有能力去重新建房子，也没有办法让自己马上变得富有起来。但是，他可以买一件床品，把自己的床铺得更加漂亮，还可以选择鲜艳的颜色，让床品改变自己的心情。他还可以选择把粗茶淡饭也变化一种做法，如果有时间就粗粮细作，也可以改变一种烹调的味道，从而把陈年的饭菜吃出新的味道来。如果没有钱去其他地方旅行，固然风景在别处，但是也可以选择一个风和日丽的天气，去家附近的山坳里，带着孩子们采摘野花，抓小鱼小虾，甚至还可以带着简单的炊具去野餐，这不是很浪漫吗？总而言之，即使作为一个穷人，也不要失去对于生活的情趣，只要你愿意努力地改变生活，就算对于生活的本质暂且无奈，你也可以以多样的方式让生活绽放出不同的光彩！有的时候，生活不在于本质的改变，发现小确幸，改变小细节，就可以让自己的心情截然不同，何乐而不为呢？重要的是，我们要有用心经营生活的意识，也要有坚持精彩人生的决心！

不得不说，生活很多时候的确是面目狰狞的。当你觉得生活惨不忍睹的时候，固然必须要面对，也可以在时间不那么急迫的情况下，选择暂时的逃避。这样一来，你可以做很多自己喜欢的事情，也可以调整好心情，让自己变得更加积极乐观。当你再次出现在大众面前的时候，你会变成全新的自己，也可以在诸多事情方面有不同的思路和改变。这样的人生状态，或

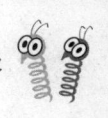

许恰恰是你喜欢的，也是你梦寐以求的，这是命运的赐予，只有那些热情对待生活，对生活无所畏惧的人，才有资格获得。

也有人说，生活是一面镜子，你如何面对生活，生活就如何面对你。所以不要抱怨生活对着你哭泣，是因为你在面对生活的时候选择了哭脸，那么你还能奢望生活在回馈你的时候把哭脸变成笑脸吗？生活固然艰难，但是我们要怀着平常心面对生活，也要始终努力进取，才能把生活的道路越走越宽，才能让人生绽放出与众不同的神采与光芒！

保持积极，等待走出阴霾

有一位著名的足球教练，他带领的球队总是能够获得比赛的成功。有记者采访他是否有什么不一样的法宝，他只回答了"让他们拥有足够的自信"这一句话。记者追问是通过什么样的方式让每一个球员都获得自信，教练娓娓道来。原来，每次上场之前，教练都会要求他的球员们回忆自己最得意的一次比赛，让他们把自己最得意的比赛与一个动作联系起来，不断地练习。以便球员每次做这个动作的时候，就能够下意识地想到令自己得意的比赛，然后在每次比赛前都反复对这个动作进行练习来给大脑足够多的成功暗示，从而提高自己的信心。

或许会有人说，这样的故事也就是哄骗一下没有眼界的小

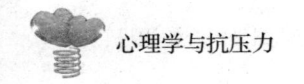

孩子吧。确实，生活在现实世界中，我们每个人都有过低迷沮丧的时候。在那个当下，如果一味地告诉自己，只要多多鼓励自己，多给自己积极的心理暗示，一切都会过去的。这样的说辞未免太过空洞，也太过理想。但是，这并不代表"积极的心理暗示"对我们每个人没有一点用处。单纯地依靠意志或许对于面对的困难太过单薄，也太过虚无。但是只有你对未来的自己有信心，一切才会有更好的开始，不是吗？

物质决定意识，但是意识却对物质有着巨大的影响力。当你满怀信心和希望的时候，即便遇到了一点小困难，你也可以在短暂的低迷之后选择迅速调整，重新开始。如果面对困难失去信心，可能你连再试一次的勇气都没有，更何谈取得最终的成功呢？

曾经有很多次，晓畅都在考虑自己动手给年幼的女儿制作辅食蛋糕。然而，当晓畅将自己的想法告诉家里人的时候，却收获了家人一致的"嘲笑"。因为晓畅从小的手工就不是很优秀，偶尔一时兴起在家里所做的尝试也都以失败告终。晓畅的家人便一直劝慰晓畅不要再白白地浪费时间与材料。

然而，这一切并未打消晓畅对烘焙的跃跃欲试。某个星期，晓畅终于提前买好了一切工具并准备好了所有的材料，准备给女儿制作蛋黄溶豆。周六的早上，晓畅兴致勃勃地开始了制作。她从网站上找来制作食谱，根据教程一丝不苟地调制着配方，直到进入烤箱前的最后一步，一切都进展顺利。10分钟

之后，第一锅溶豆即将出炉，家中到处弥漫着溶豆的奶香味，家人很高兴，对晓畅的尝试成功欢欣不已。然而，等到烤箱最终停止运转，真正将溶豆拿出的时候，才发现并不是每一个溶豆很饱满。中间区域的溶豆都有不同程度的损伤。晓畅立刻积极地尝试了第二锅，谁知第二锅的溶豆刚刚放进烤箱，不到5分钟就出现了焦味。晓畅立刻打开烤箱将溶豆取出来，但是已然改变不了溶豆变焦的事实了。晓畅并不气馁，立刻开始了第三次尝试，没想到第三次还是一样的结果，刚刚放进去一两分钟，有的溶豆就出现了烤焦的情况，而有的溶豆还没有成熟。这时，家人纷纷猜测是不是烤箱的问题，温度不均匀才导致箱内的溶豆出现成熟不一的情况。眼看着晓畅的尝试一次次失败，家人终于按捺不住，开始七嘴八舌地发表自己的见解，让晓畅焦虑起来。

然而，焦虑并没有改变任何事实，也没有解决溶豆一进入烤箱很快就变焦的问题。一次次的尝试带来的劳累以及家人七嘴八舌的反对声音让晓畅越来越沮丧，一度想要放弃。在情绪即将爆发的临界点，晓畅逼迫自己冷静下来，先休息一下，养精蓄锐调整一下心情再次尝试。午后，晓畅的家人都在午休，晓畅再一次地进行了尝试，结果太心急，原料没有打发好，在进入烤箱之前就没有达到预期的效果，更不要说后续的动作了。这一下，晓畅的心情沮丧到了极点，看着厨房台面上被浪费的材料和自己的时间，晓畅的内心无比难受。难受之余将所有调制好的材料扔进了垃圾桶，再也不准备尝试。

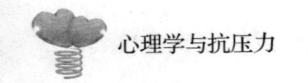

傍晚，晓畅躺在床上开始思考：如果这一次选择了放弃，下一次何时开始还不知道。并且这一次遇到的问题没有解决，下一次的尝试还是会有失败的危机。想到这里，晓畅立刻起身准备再试一次。她给自己打气：这一次，一定会成功。家人看到晓畅从沮丧中走出来也很高兴，纷纷为晓畅打气加油。这一回，晓畅选择了用轻松自信的心态来面对可能遇到的问题。在之前频频出现误差的阶段，晓畅果断进行了新的调试，或许是时运逆转，或许是由于多次的练习而最终水到渠成，这一次的溶豆真的成功了。厨房里弥漫着诱人的香气，烤箱内的溶豆像一个个快乐的小胖子微微颤抖。溶豆顺利出炉，晓畅也终于做出了完美的溶豆。

很多时候，在遇到困难的当下，我们的心情都是沮丧并且灰暗的。但其实，一次的失败并不代表着你所有的人生。沮丧心情下的所思所想也从不是理性并正确的。在心情低落的时候我们总是很容易就陷入"全世界的人都要抛弃我了""人生哪里都失败"这样的负面情绪中，所以在沮丧的当下，不要做出任何决定，而是坚定地告诉自己：保持积极，保持自信，一切都会好的！最终，等你走出阴霾，回头看的时候，你会发现：人生的确如此，是否快乐其实就是取决于你的心态。只要保持积极向上的心理状态，任何的困难都会迎刃而解。或许根据灾难程度的不同，努力恢复以及等待的时间会有所偏差，但是人生必定只会越来越好。

甘当配角，演绎自我风采

在一出戏剧上，人人都想获得成功，也想成为备受瞩目的主角。遗憾的是，不管是几个小时的戏剧，还是几个小时的电影，抑或几十集的连续剧，主角也就那么几个。为此，我们可以成为自己人生的主角，却不要奢望在人群中每时每刻都当主角。

最近，浙江卫视正在热播《我就是演员》节目。在这个节目里，很多已经很有名气的演员也加入其中，为了演绎出特定的情形和片段，他们必须彼此配合，默契合作。在一期节目里，有两个女演员为了抢戏，闹得很不愉快，真正让人尊重和敬佩的是那些能够放下"我是个角儿"思想、与其他人通力合作的演员。在这个节目中，如果一定要说每个参与者都有的收获是什么，那就是要学会合作。每个人只有完全忘我，融入角色中，才能彼此成就更加经典的表演片段。如果作为合作者，总想抢着出风头，总是不愿意被别人的光芒盖过自己，那么表演就会变成"各演各的"，根本没有整体感可言。

很多女性朋友都对于婚礼有着无限的憧憬和向往，就是因为在婚礼上，她们是真正的主角。有些女孩在参加亲朋好友的婚礼时，为了避免抢新娘子的风头，往往会穿着低调。例如，赵丽颖有一次参加妹妹的婚礼，就穿着很普通随意的衣服，让自己看起来就像是一个真正平凡的姐姐那样。不得不说，赵丽颖这样考虑周全，是有涵养的表现。人生道路漫长，一个人不

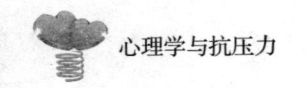

可能每时每刻都是主角,更多的时候,他们必须成为配角,甘当绿叶,才能衬托出他人的美好,也表现出自己的高素质和涵养。

常言道,红花再美,也需要绿叶来搭配。如果没有绿叶的衬托,娇艳的红花就会失去光彩。为此,我们要摆正心态,如果不能当红花,就算当绿叶来衬托红花,也可以表现出自己的宽容博大。与其为了当红花而争抢得头破血流,不如甘当绿叶,让自己有更好的成长和发展,岂不是很好吗?记住,配角也有自己的精彩。例如,在《我就是演员》节目中,演员宋轶成为最大的黑马,她在入围四强之前,一直都在出演配角,但是却成功打败诸多对手进入四强,就说明她把绿叶演绎出了新的高度。其实,演艺圈里的很多奖项,例如金马奖、飞天奖,包括举世闻名的奥斯卡奖等,除了给主角设立奖项,也会给配角设立奖项,这充分说明配角在一出戏之中是不可或缺的,也是至关重要的。

作为第一个登上月球的人,阿姆斯特朗一下子成为举世闻名的伟大人物,也因此而被载入史册。其实,在阿姆斯特朗背后还有一个人,那就是和阿姆斯特朗一起登月的奥德伦。当时,奥德伦就在阿姆斯特朗身后。当阿姆斯特朗说出"我个人跨出的一小步,是全人类跨出的一大步"时,奥德伦是听得最清楚、最真切的那个人。但是,阿姆斯特朗成为举世闻名的人,比他晚一点儿的奥德伦只是默默无闻者。

有一次,一个记者问奥德伦:"你有没有感到后悔过,在

第 3 章　自我调整，抵抗压力最好的武器是内心的积极

到达月球上的时候，你没有第一个踏足月球，否则你就会成为今日的阿姆斯特朗，举世闻名。你对此感到遗憾吗？"这个问题很难回答，但是心态很好的奥德伦坦然回答："阿姆斯特朗是登月的第一个人，我却是从外星球回到地球上的第一个人，因为在返回地球的时候，我是先于阿姆斯特朗出仓的！"听到这个回答，在场的人都由衷地为奥德伦鼓掌，也真心地佩服奥德伦。

不得不说，在登月行动中，阿姆斯特朗是主角，奥德伦的确是配角。但是奥德伦没有因为自己是配角就感到遗憾，因为他的表现同样非常好，他这个配角也是非常出彩的。尤其是在回答记者提问的时候，奥德伦自诩为回到地球的第一人，表现出他内心的豁达与宽容。虽然当配角会失去很多荣耀和光环，但是对于自我成长而言，当好配角同样至关重要，对于一件事情的成功也是必不可少的。为此，我们对配角工作一定不要不情不愿，配合主角一起成就更伟大的事业，这才是成功的配角。

很多人都喜欢香港演员吴孟达的表演，却不知道吴孟达从出道就跑龙套，到后来成为配角，居然在从事演艺事业二十几年的时间里，从没有担任过任何影片的主角。但是吴孟达作为配角的表演非常精彩，为此很多大主角包括大导演，都会主动邀请吴孟达当配角，而吴孟达也总是不负众望，以配角的身份为整部影片增光添彩。不得不说，吴孟达是了不起的配角，也是不可或缺的绿叶。

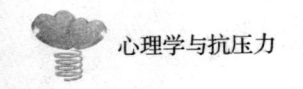

在漫长的人生中，我们也要甘当配角。当然，这不是说我们不能争取当主角，而是说我们在不能当主角的情况下，就要调整好心态把配角扮演好。红花还需要绿叶来配，在如今的时代里，没有人可以成为孤胆英雄。尤其是在职场上，更加讲究分工和密切合作，为此我们更要当好配角，融入团队，在团队里最大限度发挥自身的力量，这样我们才能把配角演绎好，也才能绽放出独属于自己的精彩！

心态淡然，凡事不必太在乎

每个人的人生中都有很多值得在乎的事情，男人在乎事业、成功。女人在乎身材、婚姻。父母在乎对孩子的教育、对老人的赡养。孩子在乎爸爸妈妈对自己的爱与鼓励。当然，这些并不是绝对的。人生的不同阶段，经历的状态不同，在乎的东西也就不一样。但有一个道理是绝对的：因为想要追求，所以才会在乎；因为想要拥有，所以才会在乎。在乎是因为喜欢，在乎是因为想要，在乎是因为渴望。

在乎亲情，在乎友情，在乎爱情，是我们每一个人生活的意义。但所有的在乎都不应该过犹不及，太在乎往往最后就会变了味，失去原本的价值。以权谋私，是拥有权力之人因为太在乎自我物质享受而种下的恶果；好高骛远，是浮躁之人因为

第3章 自我调整，抵抗压力最好的武器是内心的积极

太过在乎自身的精神享受而懒惰。内心保持从容，淡然面对一切得失，才能做到大风吹来，我自不喜不悲，不骄不躁。凡事物极必反，太过在乎往往最终都会导致失去，就如握在手中的沙，坦然打开手掌，尽管路过的春风会带走些许细小的浮沫，大颗的沉淀却不会失去分毫。

在一片波涛汹涌的大海之上，有一个贫穷的渔夫救了一个险些溺水身亡的富翁。富翁想要给渔夫一笔财富用来报答渔夫的救命之恩，便对渔夫说："我愿给你我现有资产的5%或者10年之后的20%资产用作报答你的救命之恩，你想要哪个呢？"渔夫刚想说选择现有资产的5%，话到嘴边却又转念一想，万一10年之后富翁更有钱了，我岂不是可以得到更多？于是他准备选10年以后的20%，然而紧接着他又想到，天有不测风云，万一富翁再像这次一样遭难，或者他的资产有所缩水，10年以后的20%岂不是只会更少，那我岂不是亏了？渔夫越想越纠结，一时之间竟拿不定主意。

富翁见渔夫如此纠结，便给他一个月的时间让他好好思考，等决定好了随时过去找他兑现承诺。而渔夫自从开始思考这件事情以后，终日神情恍惚，连出海也无法集中精神，在遇到大风浪时竟不幸被卷进大海，失去了生命，最终，什么也没有得到。

这样的故事让人唏嘘，却在现实中不胜枚举。有多少人都跟故事中的渔夫一样，面对本不属于自己的意外之喜，本应欣

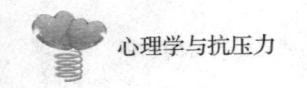

喜若狂，却因为太在乎，欲求不满，结果鸡飞蛋打。

手中的沙越握紧越少，人生的伤却是越在乎越痛。放宽心胸，保持佛性态度，及时放手已有的伤痛，人生才能快乐向前，否则，只能伤人伤己。

农场里的牛最近并不是很开心，因为主人今年多收了10亩田，牛的工作量一下子增加了好几倍，终于有一天，牛在耕地的时候不小心被田埂上的野草划伤了腿，伤口足足有好几厘米。牛病倒了，干活的效率下降了不少，主人无奈之下便只能让牛在农舍好好休息。

牛休息了几天，很快便喜欢上了这种不用干活，每天被人悉心照料的生活。牛时常在想：怎样才能让这种生活一直持续下去呢？狐狸走过来向牛出主意："牛啊，主人之所以让你好好休息是因为你现在受伤啦，如果你的伤一直都没有好，主人不就一直让你休息啦。"牛听完狐狸的话恍然大悟，原来只要一直受伤生病就可以不用干活了。于是，牛开始拒绝敷药，经常趁着主人不在的时候挣脱包扎好的绷带，任由伤口越来越烂。直至有一天，牛的伤口已经溃烂到必须割掉一条腿。正当牛开心余生再也不用干活之时，主人却觉得牛已经没有利用价值而把牛给杀了。

人生就是这样，每个人活着都有自己的使命与利用价值，太在乎安逸，太在乎奋斗过程中的短暂停歇，贪图一时的享受而故意揪着伤痛不放手，最终只能以悲剧收场。

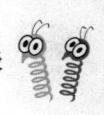

第3章 自我调整，抵抗压力最好的武器是内心的积极

太在乎别人的眼光，结果就会畏手畏脚不敢向前，没有自己的见解；太在乎得失，心中始终盘算计较，遇事必不能放手一搏，只会在成功的路上徒增障碍。

不在乎并不意味着不争取，不为之努力。不在乎一切不该在乎的是一种豁达的心境，一种云淡风轻的气度，更是一种大雨将至，我自岿然不动的从容与淡定。

无法选择境遇，可以选择心情

人生就像一朵鲜花，有时开，有时败，有时候面带微笑，有时候却低头不语。其实，人生就是这样，无论我们处于什么样的境地，只要学会看情绪晴雨表，学会调节心情，你会发现，人生远没有想象中的糟糕，而我们所遭遇的那些根本不算什么。人生，注定就是一条充满曲折、困难的路，或许，烦恼无所不在，但是，面对这样一些事情，我们能够尝试着打开心灵的另一扇窗户，以一种积极、乐观的心态去面对，你会发现，所谓的烦恼根本不存在。人生依然无限美好，问题的出现并没有改变我们的好心情。

有人这样抱怨："这天老是下雨，还要不要人活啊，今天出门的计划又泡汤了。"而在街头的另一处风景中，一位少女正撑着雨伞散步，小脚丫在雨水中快乐地奔跑。我们发现，

心理学与抗压力

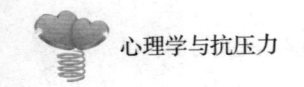

"下雨"这个事实并没有改变，不同的是两人的心情。像天气预报一样，情绪也有晴雨表，要想拥有一个好心情，我们要善于选择"晴朗的天气"，而不是沮丧的"雨天"。

杯子里有半杯酒，一个酒鬼来了，看见就摇了摇头，十分沮丧："唉，只有半杯酒。"一会儿，又来了一个酒鬼，看到半杯酒兴奋地说："太好了，还有半杯酒。"杯子里一直只有半杯酒，但是，因为心境不同，心情自然大有不同。

每个人的心中都有一个情绪晴雨表，只是，我们常常习惯于看见阴郁的雨天，而忘记了晴朗的那方天空，于是，我们的情绪也变得阴郁起来，不由自主地以悲观、消极的心态来面对生活。如此一来，那些本来看起来十分细小的事情，也会让我们火气大发，甚至，阴郁的心情会蔓延开来，逐渐影响我们身边的人。

从前，有一位禅师，他十分喜爱兰花，在平日讲经之余，禅师花费了许多时间来栽种兰花，弟子们都知道禅师把兰花当成了自己生命的一部分。

有一次，禅师要外出云游一段时间，临行前，禅师特意交代弟子："要好好照顾寺庙里的兰花。"在禅师云游的这一段时间里，弟子们都很细心地照料着兰花，但是，有一天，一位弟子在浇水时不小心将兰花架碰倒了，于是，所有的兰花盆都跌碎了，兰花也撒了满地。弟子感到十分恐慌，并决定等禅师回来后，向禅师赔罪。

过了一段时间，禅师云游归来，听说了这件事，便立即召集了所有的弟子，非但没有责怪那位弟子，反而安慰道："我种兰花，一是希望用来供佛，二是为了美化寺庙环境，不是为了生气而种兰花的。"

禅师喜欢兰花，是一种情感的自然释放，并不是为了生气而种兰花的。因此，即使弟子不小心弄坏了兰花，禅师也选择了快乐面对，他不仅没有生气，反而安慰弟子们。面对弟子的失误，禅师选择了谅解，自己虽然喜欢兰花，但心中却没有烦恼这个障碍，所以，失去了兰花并不会影响自己的情绪，禅师依然有一份难得的好心情。而且，深知情绪晴雨表的禅师明白，自己即使生气又有什么用呢？反而会乱了自己的心情，坏了情绪，不如选择一份快乐的心情，以坦然的心境面对一切，这样，我们才会收获人生的幸福与快乐。

心情，与生活一样，我们是可以选择的，即使事情变得十分糟糕，我们依然选择以快乐的心情面对。这样，我们不但能看清楚事情的真实情况，而且可以更好地解决问题。

第4章
调适心情，美好的情绪可以抵御负面的压力

生活中，我们的心情总免不了受到一些人和事的影响，那么学会调节心情显得特别重要，什么都不做是解决不了问题的。我们可以做一些自己喜欢的事情，如读书、写诗、跑步，做任何自己想做的事情，这样坏情绪就会一扫而光。

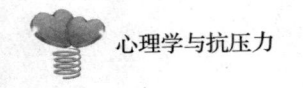

别刻意压抑自己的情绪

每天，我们都可能面临着生活给自己带来的愉快、悲伤、愤怒和恐惧。但是，这样形成的情绪和情感应该是短暂的，哪怕是负面的情绪，痛苦之后，强烈的体验随着刺激的消失而消失。可是，如果那些焦虑和忧愁长期存在，就会使人惶惶不可终日，由不良情绪引起的生理变化也久久不能恢复。其实，长期压抑的情绪对人的身体健康是有着很大影响的，紧张忧虑的情绪不仅影响生活质量，还会给身体带来更大的伤害。

小曼最近心情一直处于抑郁的阶段，因为她发现以前老把"爱"挂在嘴边的老公有了外遇。自从生完孩子后，小曼就辞去了工作在家里相夫教子，把重心也放到了孩子身上，忽视了打扮学习，也忽略了老公的感情，自己成了黄脸婆，老公就这样出轨了。刚开始知道这个消息的时候，她就觉得心中的那个世界已经坍塌了。

之后，她的心情一直很压抑很低落，对未来生活没有希望和期盼，很迷茫，天天跟自己在一起的老公都可以背叛自己，还有什么值得依靠的？前些日子，她突然觉得烦躁不安，手心出汗，浑身不自在，什么也听不进去看不进去，有点崩溃的状态。好朋友来看她，小曼也不好意思把真相告诉朋友，觉得这

是家丑。她也试着跟老公谈了一次话，可老公满脸愧疚地说没有打算跟自己离婚，可是他又牵挂着其他的女人，小曼觉得自己实际上是守着一个空壳过日子，她不想去过问他的行踪，可想着老公和其他女人在一起，她又觉得很糟心。

前两天去医院做体验，小曼发现自己患上了慢性浅表性胃炎，难道这就是守住婚姻的代价吗？小曼心情糟透了，精力严重透支，现在体力也完了，她不知道自己该怎么办？

小曼一直压抑自己的情绪，使那些恶劣的情绪已经影响到了自己的身体，也破坏了生活的质量。其实，她大可以跟老公吵一架，选择干脆地离婚，但她并没有这样做，只想守着自己的婚姻。最终因为不良情绪压抑得太久患上了疾病，给自己身体带来了严重的伤害。有不少人都觉得自己与家人的相处比较压抑，自己即便对他有什么不满，总是强忍着，告诉自己不要跟他计较，尽量不生气，但是，这样的情绪压抑久了，你很难保证自己不会做出一些冲动的行为。所以，对于那些不良的情绪，要选择通过正确的渠道来释放，这样才有益于身心健康。

1. 长期的情绪压抑会导致心理疾病

那些压抑的情绪在身体里撞来撞去，让自己很难受，还有一种说不出来的悲哀，严重者还会因此患上抑郁症。也许，有时候，你会因为身边的种种原因而压抑心中不良的情绪，还安慰自己说"忍忍就过去了"，其实，总是压抑自己的情绪，会逐渐影响到你的身体，因为那些长期压抑的情绪比生气更容易

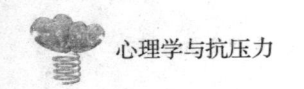

伤害自己的身体。

2. 选择正确渠道释放情绪压力

可能有人觉得，既然不压抑自己的情绪，那就随处释放，不管是同事还是朋友，一股脑儿向对方发火。压抑的情绪是需要释放，但前提是通过正确的渠道，而不是无所顾忌地释放。也许，不同的人会选择不同的释放渠道。有的人喜欢运动，有的人喜欢参加休闲活动，有的人喜欢听歌看小说，有的人选择睡个好觉。其实，无论是哪种途径，只要能顺利地释放不良情绪，都是值得采纳的。因此，面对不良情绪，我们要舍弃压抑的方式，选择正确的释放渠道，保持自己身心健康的状态。

3. 女性可以通过大哭来释放情绪，男性可以通过适当地玩游戏释放情绪

众所周知，女性普遍比男性的寿命更长，除了职业、生理、激素、心理等各方面的优势条件之外，女性喜欢哭泣也是一个重要的因素。因为哭泣对于女性来说，这是一个释放不良情绪的渠道。哭泣之后，情绪强度就会减低百分之四十，如果不能利用眼泪把情绪压力释放出去，就会影响身体健康。所以，强忍着眼泪就等于"自杀"，可是，哭泣的时间不宜超过15分钟，否则也会对身体有伤害。

当然，眼泪并不是唯一释放情绪的途径，尤其是对于许多男性来说。这不得不让人想起男性之间的流行语"你今天玩游戏了吗"，如果见面不说，就好像自己不前卫不时髦跟不上时

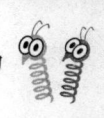

代步伐一样。其实，除去"玩游戏"本身所具备的娱乐性质之外，它之所以风靡于网络，是因为它可以释放压抑情绪。许多上班族忙碌了一天，总希望干一些愉快的事情来释放自己压抑的情绪，而"玩游戏"就成了一个巧妙的出口。可能玩游戏并不是全民释放情绪的方式，不同的人会选择不同的途径去释放自己的不良情绪。

抑郁一段时间之后，你会发现身体出现了诸多不适，不仅给自己带来了心理上的疾病，还引起了身体上的疾病，这根本就是得不偿失。所以，当自己产生了一些不良情绪，一定要通过正确的渠道释放出去，舍弃压抑自己的方式，获得心理和生理的双重健康。

别让小事吹皱心中的湖水

古人云，"成大事者，不拘小节"。这句话告诉我们，一个真正做大事的人，是不会把注意力都集中在小事情上的。如果总是因为小事而斤斤计较，心中放不下，如何能够集中更多的时间和精力做好大事呢？也许有人会说，古人又云，一屋不扫，何以扫天下。实际上，这两句话并不相互矛盾。前者是不拘小节，后者是做好细节，都是为了成功做准备。

曾经有心理学家经过研究显示，很多人的忧虑都是毫无意义的，其中大多数忧虑不会真正发生，有些忧虑反而会对事情的发展起到相反的作用，导致事与愿违。既然如此，我们为何要忧虑呢？不可否认的是，命运的确不是公平的，每一件事情也不会完全按照我们的期望去发展。要想不被烦恼侵扰，就要学会保持冷静，不管是面对不公平的命运，还是面对与我们本心相违背的事情走向，我们都要理智而又冷静，这样才能让智力维持在正常水平，也才能以高情商面面兼顾地解决问题。

生活中不仅有大事，还有很多小事，成就大事者不会被无足轻重的小事扰乱心绪。否则，不但心慌意乱，对于解决问题也根本没有实质性的帮助，反而导致事情变得更糟糕。尤其是对于生活的琐碎，与其斤斤计较，不如放宽心胸，不要一味地计较，而要更加积极地面对。记住，每个人的时间和精力都是有限的，人不可能凡事都兼顾到。在处理问题时也不可能面面俱到。既然如此，就要分清楚轻重缓急，从而准确区分事情，有效筛选事情，做到有的放矢，以最高的效率解决问题。

在俄国西部，亚历山大大帝骑着马四处溜达。当到达一家客栈时，为了更加贴近民众，他把马寄存在客栈的马厩里，开始徒步向前。他就像中国古代的皇帝微服私访一样，穿着普通的衣服，看起来和普通老百姓没有什么区别。当他准备走回客栈时，面对三岔路口，居然想不起来自己应该走哪条路回到客栈了。思来想去，他决定等一等，等到有人经过的时候再问路，也好选择正确的道路继续前进。

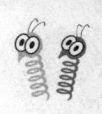

亚历山大大帝一直站在路边耐心地等候，没过多久，来了一个穿着军装的军人。亚历山大大帝赶紧招手，军人直到马的前蹄都快碰到亚历山大大帝了，才勒住马，趾高气扬站在亚历山大大帝面前。亚历山大大帝很有礼貌地问："请问，去客栈应该走哪条路？"军人就坐在马背上，对亚历山大大帝说："左边那条路。"说完，军人正准备策马离开，亚历山大大帝继续问："再麻烦问下，大概需要走多远呢？"军人明显不耐烦地说："大概一英里。"话音没落，军人已经策马前行了。这时，亚历山大大帝喊道："辛苦你，我还想问你一个问题。"军人扭头厌烦地看着亚历山大大帝，亚历山大大帝问："请问你是什么军衔？"军人有些得意地说："你猜。"亚历山大大帝问："是中尉吗？"军人明显流露出不屑一顾的神情，说："还要更高点儿。""上尉？"亚历山大大帝继续试探地问。"再猜。"军人有些沾沾自喜。亚历山大大帝说："那么你一定是少校。"军人高兴极了，说："对啊，你一开始就要这样大胆猜啊！"

亚历山大大帝赶紧向军人敬礼，说："我也是军人。"军人掉转马头，饶有兴致看着亚历山大大帝，说："你是什么军衔？"亚历山大大帝笑呵呵地说："你也猜。"军人先是猜了中尉，后来猜了上尉，最后猜了少校，让他惊讶的是，这些回答都错了。他马上下马，毕恭毕敬继续猜："您一定是将军，或者是部长吧？"亚历山大大帝依然笑呵呵地说："继续猜，

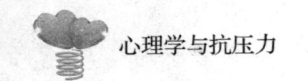

快接近答案了。"军人说:"您居然是陆军元帅啊!"亚历山大大帝脸上依然挂着笑容,说:"再猜最后一次。"军人突然觉得心脏怦怦直跳,他对亚历山大大帝说:"陛下!您是陛下!您怎么在这里?请您饶恕我啊!"说完,军人扑通一下子跪倒在亚历山大大帝面前。亚历山大大帝笑着说:"不要这么紧张啊,你很好,还给我指路,根本不需要我原谅!"

换作一个心思狭隘的人,明明自己官衔比对方高,却要低三下四向对方问路,忍受对方趾高气扬的样子,一定会非常恼火。但是亚历山大大帝心胸开阔,一看就是干大事的人,并没有因为这点小小的事情与军人闹得不愉快。相反,他还真心感谢军人指路,不得不说,仅仅是这份气势,就是普通人所不能比的。

一个人要想拥有天高地远的气魄,就要拥有一颗宽容友善的心。否则总是因为各种小事情与他人发生矛盾,导致自己也郁郁寡欢,无疑是得不偿失的。宽容不但是一种胸怀,一种气度,更是一种为人处世的智慧。一个人一定要宽容他人,因为宽容他人也是宽宥自己,更能够帮助自己在各种糟糕的境遇中收获幸福与快乐。

驾驭情绪,成为人生强者

很多人对于控制情绪都有误解,觉得所谓控制情绪,就

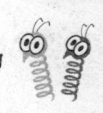

是压抑自己，不给自己发泄情绪和表达内心的机会。实际上恰恰相反，主宰情绪绝不是压抑情绪，也不是禁止发泄情绪，而是要更加学会宣泄情绪，从而保持情绪的平和，再想方设法引导情绪，让情绪之流水淙淙。古往今来，有的人因为控制不好自己的情绪而被活活气死，他们不是死在那个惹怒他们的人手中，而是死在自己的手中。也有很多人能够控制好自己的情绪，不让自己变得如同玻璃人一样透明，或者如同一个鞭炮一样只要一点火就会爆炸，而是让自己成为情绪的主人，能够控制好自己，也可以保证呈现出自己最佳的状态。

曾经有心理学家经过研究发现，愤怒会让人的智商降低，这样一来，生气非但不能解决问题，反而会导致问题变得更加复杂和难以解决，为此明智的人不会让自己处于情绪失控的状态，而是会管理好自己的情绪，真正掌控自己。

很多人误以为情绪与行为之间的关系，是情绪影响人的行为，实际上，也有心理学家提出，人的行为同样会影响情绪。例如，当一个人很伤心的时候，如果他能够强颜欢笑，或者勉强打起精神来对着镜子里的自己傻笑，那么他渐渐地就会真的开心起来，至少心情不会那么糟糕。由此一来，当感到心情落寞的时候，我们不如有的放矢调整好心态，这样才能从容不迫地应对人生。否则，如果总是这样被动和落寞，如果总是因为内心惶恐而失去对自己的把握，则未来会更加被动。为此当情绪有风吹草动的时候，不要一味地被情绪奴役，而是要控制情

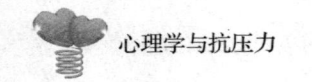

绪，成为情绪的主宰，才能更好地面对问题、解决问题。

有一次，美国的大学举行橄榄球比赛，怀俄明大学和夏威夷大学打对手赛。不知道为何，夏威夷大学在比赛中的表现非常糟糕，在整个上半场，居然都处于接连输球的状态，到了中场的时候，他们整整输掉22个球。为此，夏威夷大学队感到非常沮丧和绝望，几乎都认定在下半场绝不会有扭输为赢的机会，甚至会输得很惨。看着球员们的样子，教练感到很着急，因为教练很清楚在糟糕的情绪下，队员们的表现只会更加糟糕。如何帮助队员们振奋精神呢？教练思来想去，决定给队员们看他的剪报。

原来，教练近些年来收集了很多剪报，报纸上都是报道比赛者如何在比赛失利的情况下扭输为赢。果然，队员们在看了这些剪报之后，原本萎靡的精神略显振奋，有的球员问教练报纸上所说的事情是否是真的，教练笑着说："你不知道新闻报道的原则之一就是要非常真实吗？"得到教练的反问，队员们更加兴致勃勃传阅剪报，有个队员还把剪报读出来给其他队友们听呢！看着队员们的精神越来越振奋，一个个就像打了鸡血一样亢奋，教练说："现在，你们有信心吗？"在教练的激发下，下半场，每一个夏威夷大学队的队员都以一当十，在赛场上表现得特别棒。结果出人预料，夏威夷大学队居然在下半场完全得分，最终打赢怀俄明大学队。

夏威夷大学队为何能够获得成功呢？就是因为他们得到教

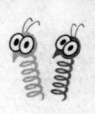

第4章 调适心情，美好的情绪可以抵御负面的压力

练的激励，为此在下半场比赛中如同蛟龙出水，从未让怀俄明大学队得分，而最终得到了27分，还比怀俄明大学队高出5分呢！实际上，这就是情绪的力量。如果夏威夷大学队的队员们被沮丧情绪打败，那么在接下来的比赛中，他们绝对不可能获胜。幸运的是他们有一个好教练，在教练的启发和指引下，他们最终战胜了负面情绪，成为情绪的主宰，所以才能战胜怀俄明大学队，获得比赛胜利。

情绪是一种非常强大的力量，既能成就人，也能毁灭人。我们每个人都要战胜情绪，都要成为人生的强者，真正主宰人生，才能有的放矢在人生旅程中振奋精神，成就自我。否则，如果每天都陷入负面情绪之中无法自拔，不管什么时候都很颓废沮丧，即使面对很多有助于成功的因素也总是提不起精神来，则一定会陷入负面状态，导致人生变得颓废沮丧，无法成功。尤其是在如今这个纷繁复杂的世界里，我们更要控制好自身情绪，不要因为工作压力大，内心沮丧，生活艰难，就迁怒于生活。而是要更加理性从容面对人生，无所畏惧经营好人生，这样我们的未来才会更加有的放矢，才会无所畏惧。

要想控制好情绪，及时消除负面情绪的不良影响，我们还要更加清楚地分析负面情绪的来源，也要知道引起负面情绪的根本原因。其实，情绪问题之所以泛滥，并不在于情绪问题本身有多么严重，而在于很少有人会意识到情绪的重要性，更是极少有人能够积极主动地控制情绪。这样一来，情绪自然处于

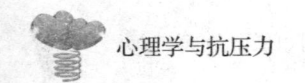

信马由缰的放纵状态，也会导致我们的人生越来越困惑，越来越苦恼。从现在开始，努力控制情绪吧，你如果被情绪奴役，就会因为情绪走向毁灭。你只有成功地驾驭和控制情绪，才能成为人生的强者，真正地掌控和把握自己的未来。

有烦恼就要大声说出来

宫斗剧《延禧攻略》虽然已经成功收官，但在微博等地留下的热度却一直居高不下。归其原因，除了紧张的剧情以外，也离不开其中两位主演的精彩表现。首先便是饰演继后辉发那拉氏的佘诗曼。佘诗曼在大结局的时候上演了历史人物本身的一个高潮点——断发。

皇后在断发之前有一系列的情感铺垫，说到底就是向乾隆皇帝彻底摊牌，什么都不顾了。于是，在那个当下，皇后说出了自己真正的内心所想，说出了多年以来所有埋藏在心中的愤懑与不满，继而将自己对皇上的恨和不甘心一并发泄，整个人气到完全没有理智，歇斯底里，最终心如死灰，选择了断发。当这一切都结束，她被侍卫拉走的时候，留在脸上的那一抹无奈的苦笑，足以让人忘了她在前几十集里做的坏事，从而让人觉得，她，堂堂大清正宫皇后，却是这紫禁城里最可怜的那一个。

在断发之前，这个角色其实一直是不招人待见的。刚刚

第4章 调适心情,美好的情绪可以抵御负面的压力

入宫的时候,她固执己见,坚守父亲教给她的"忠义正直"的处事原则,为了自己苦心经营的清高名誉,也为了自己在皇帝心中的懂事人设,严守规矩,绝不做出任何越矩行为,最后落得个众叛亲离的下场,甚至目睹母亲撞死在自己面前,而母亲临死前的遗言都是在嫌弃她的无能与不争。面对失去亲人的巨大悲伤,彼时的娴妃终于全面崩溃,笃信已久的价值观瞬间颠覆。而她本人也从良善走向了邪恶。可以说,由始至终,继后都是在从一个极端走向另一个极端。私以为,也正是这一点才造成了她性格上的缺陷,最终形成了悲剧的人生。在剧集的后半段,她因为精神上的巨大压力而过于在意自己的容貌,整个人看起来都是神神叨叨的。整个人仿佛魔怔了一般,为了保持容颜,不惜嗜血,让人觉得惊悚。而这也正是她性格极端的另一个体现。

或许会有人说,发生这么多的事情,经历这么多的变故,一个人的性格肯定会有很大的改变。诚然,在编剧的笔下,继后的人生充满了倒霉与不公。似乎一切的事都是理所当然并顺理成章的。但是,谁的人生又不是如此呢?有谁的人生会是一帆风顺的完美呢?如果每个人遇到人生的起伏,想到和做到的都只是复仇和愤懑,这个世界最终又会变成什么样子?私以为,面对无法改变的客观世界,我们唯一能做的只有改变自己的心态,调整自己的步伐。你可以选择坚持你自己的原则,通过一定的手段实现自己的梦想和目标。但是却没有必要将自己迁怒

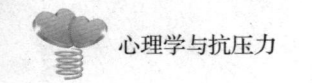

于人，更没有必要由此"黑化"走向人生的另一个极端。

纵观继后的一生，发生这样的改变，最直接的原因就在于她面对突然的变故，选择将一切伤痛和悲伤都埋藏在自己的心中，而不是与身边的人主动沟通，寻求内心的安慰和调节。实则，就算是自己的父母至亲，也未必会懂得你的真正所求，更何况是不太熟悉的别人呢？心有愤懑委屈的时候，选择第一时间的倾诉绝对是最快解决问题的第一法则，没有其他。面对悲伤和痛苦，选择避而不谈只是表面上的坚强，并没有从根本上解决问题。相反，等到某日，再次遇到了类似的事件，只会让你内心不甘与愤怒的小火苗越燃越烈，直至最后爆发。再者，在你一次次的隐忍和退让中，除了你的至亲至爱会懂得你的悲伤和无奈，其他人始终是局外人。即便能够感同身受，却很难能够真正做到身临其境。而感同身受与身临其境这两者之间，正缺少了你此刻恰恰需要的温暖和包容。因此，请你记住：这世上从没有人有义务对你格外关照，也没有人拥有读心术，能够明白你内心的真正需求。面对悲痛与情绪上的波动，只有主动选择沟通与交谈，主动向身边的亲人朋友敞开心扉，才能够真正得到你的所求，你们之间的感情也才会更加坚固。

没有谁的人生是容易的。任何人的人生都是一场选择，如果你选择了安逸，就请不要嫌弃自己的平庸；如果你选择了隐忍不发，就不要嫌弃别人的不理解和不宽容；如果你选择了默默退让，就不要责怪别人的得寸进尺。或许，你眼中别人的得

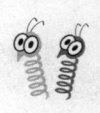

寸进尺也只是别人眼中的正常现象。因此，受到委屈的时候学会自己排解。遇到无法克服的困难时不要默默承受，向身边的朋友吐露一二，学会主动发泄，主动排解。最终，你会发现，这世界远没有你想象中的那么冷漠与无奈。请你相信，命运从不会亏欠努力的人，命运也从不会亏待懂得照顾自己的人，命运却不会主动为你遮风挡雨。所以，我们应该做的，就是学会合理地发泄与吐露负面情绪，用最少的悔恨回忆过去，用最少的浪费面对现在，用最多的梦想展望未来。

用努力代替你的抱怨

哲学家柏拉图曾经说过一句话非常值得我们反思："上帝从不埋怨人们的愚昧，人们却抱怨上帝的不公平。"没错，生活在如今这个快节奏、压力大的世界里，我们的确有很多值得抱怨的人和事。而如今被抱怨最多的莫过于"公平"二字。经常听到很多年轻人在抱怨这个世界不公平，抱怨自己的悲惨遭遇。或许世界的确是不公平的，也或许在现实生活中的确有人喜欢跟我们过不去。但是，换个角度想，这个世界上有绝对的公平存在吗？所谓存在即为合理，很多时候，公平只是你的个人感觉，又或者说只是你对待困难的借口，你只是在遇到的困难的时候喜欢抱怨几句而已。就像朋友之间互相聊天的时候，

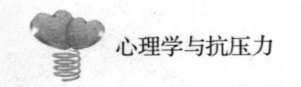

如果提及最近发生的困难事，安慰到最后，经常会有朋友这么说："没事啦，我就是抱怨一下而已。"似乎，抱怨只是个很小的事情。

私以为，一两次的抱怨或许只是出于无心的玩笑，只是小事。经常性的抱怨却是痛苦的根源，快乐的天敌。就像抱怨世界的不公平，世界上本没有绝对的公平可言，一味地追求公平只会让你的心理越来越失衡，越来越轻信自己的抱怨之语，最终只会让我们舍本逐末，失去更多。更何况，如果不努力的话，你始终是一个失败者，抱怨再多，又有谁会听呢？这个世界上又有谁会去在意一个失败者的抱怨呢？或许你的抱怨可以换来别人一时的同情，但别人的同情并不能真正解决你的问题，抱怨只会让你自降身价，只会徒增别人茶余饭后的谈资而已。因此，当生活遇到不顺时，停止抱怨，用努力替代你的抱怨，努力改变你的环境，减少未来抱怨的可能。

弟子觉得自己很苦恼，去见师父，说："师父，我不能再学习我的经文了，因为我跟父母兄弟住在一起，他们每日太吵，吵得我根本没有办法集中精力学习经文。"师父听了，让他把手放在眼睛上，问他："你还看得到我吗？""当然看不到，就连太阳也看不到，只能看到我的手。"弟子回答。师父说："这就是了，你的手虽小，但是放在你的眼睛上就能把天上的太阳都遮住。"弟子想了一会儿，若有所思。"我明白了，师父，阻止我学习经文的不是我的父母兄弟，而是我自己内心的烦躁。"

有一位朋友做人事经理。有一次我跟她聊起工作上的事情，她说："基本每次招聘的时候，我都喜欢问应聘者离开上一家公司的原因。"我问："这很重要吗？"她答："我觉得很重要，我问他这个问题是想要知道他对以前公司的评价，如果他只会抱怨上家公司不好，那么我也不敢录用他。""为什么？"朋友笑了一下："世界上哪里会有一个完美无缺的公司呢？他抱怨上一个公司，后面自然也会充满抱怨地看待我这边，自然也待不长久，那我岂不是又要招人了？再者，谁会想要整天跟一个只会抱怨的人相处。"

"抱怨就是口臭，它会传染，而习惯抱怨的人，就是在向自己的鞋子里倒水。"年轻时我们常常试图通过抱怨去引起他人的注意和共鸣，有点经历之后才懂得这其实是非常不明智的做法。世界上哪份工作不辛苦？哪里的人事相处是容易的？如果工作环境的确令自己不满意，不太适合，与其抱怨降低自己的人品，不如直接离开更显潇洒自由。既然没有选择离开，那就说明至少还没有糟糕到不能忍受，那么，再多的抱怨也改变不了现状，只会让自己心情更加郁闷，不是吗？况且，只有高度的敬业和忠诚，才有可能实现企业和个人的双赢，不是吗？否则，即便是自己创业做了老板，还是会有更多事情值得你去抱怨，这种不停抱怨的恶习只会给你带来各种不利的影响，不是吗？所以，从现在开始，改变抱怨的恶习，谨记抱怨是快乐

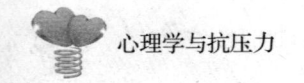

的天敌。

持有正确心态的人,想不成功都不可能。持有错误心态的人,无论如何也没法成功。心态对于一个人的精神面貌、身体健康状况会产生举足轻重的影响。"笑一笑,十年少"。积极快乐的心态可以使我们正确面对生活中的困难与挫折。当遇到生活中的麻烦事,不管多烦,都记得保持微笑,保持快乐,因为快乐会帮你冲淡悲伤,帮你调整好心情。

不论多么远大的理想,都需要脚踏实地的实现;无论多么浩大的工程,都需要一砖一瓦地累积。生命是一个奋斗的过程,也是一个等待的过程。面对人生中的艰难曲折,需要用平和、积极、快乐的心态对待,就像等待100年只为了两个月花期而努力的普雅花,在等待中积聚力量,最终实现灿烂的绽放。

人生中,不管遇到多大的风雨,我都会告诉自己要坚定信念去等待,去努力,去奋斗。即便需要很长的时间,我也会静等花开,因为,我相信,事情终有转机。即便等待没有进展,我也绝不抱怨,因为抱怨并不会带来丝毫好处。

第 5 章
接纳真实的自己,不惧外界压力

一个真正成熟的人,就是接纳最真实的自己。不管遇到什么事情,都能够从容不迫地去解决它,脸上更多呈现的是淡定与从容。不管是自己的优点,还是自己的短处,都一并接纳,与世界和解,不惧怕外界压力做最真实的自己。

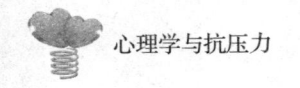

客观认识自己，发现最特别的自己

　　古希腊大名鼎鼎的哲学家苏格拉底曾经被问到一个问题："在这个世界上，什么事情是最难的？"对此，苏格拉底几乎毫不迟疑地回答："认识自己。"寥寥四个字，告诉我们认识自己的重要性，也让我们意识到一个人要想主宰命运，把控人生，当务之急就是认识自己。古人云，人贵有自知之明，说的也是这个道理。为何认识自己这么重要呢？当一个人把自己看得过高，对自己的评价也远超过实际能力所能达到的高度时，他们就会眼高手低，也会变得狂妄自大和骄傲自满。反之，当一个人把自己看得很低，总是自轻自贱，妄自菲薄时，他们就会常常否定自己，觉得自己什么事情都做不成，也因此导致自己陷入被动的局面之中无法自拔，常常会迷失自我，也会因为人生的很多事情而导致自己内心仓皇，无所依靠。而一个能够客观公正地认知和评价自己的人，他们知道金无足赤，人无完人，也知道自己既有优点，也有缺点，为此他们可以适度评价自己，也激励自己在成长的道路上不断努力进取，最终获得成功。由此可见，要想拥有成功的人生，要想在成功的道路上始终坚持进取，绝不畏缩和退却，我们一定要理性认知和客观评价自己，这样才能有的放矢发挥自己的所长，弥补自己的短

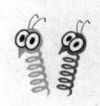

处，从而在人生的道路上不忘初心，砥砺前行。

卡夫卡出生在一个商人家庭，他的父母都是犹太人，他的父亲一直经商，为此非常精明强干。然而，卡夫卡的性格和父亲截然不同，他既不像父亲那样精明，也不像父亲那样性格开朗，爱说爱笑。相反，他性格内向，沉默寡言，时常躲在角落里默不作声，做着自己的事情。为此，父亲不止一次批评他："你怎么这么不像个男子汉呢？看看别的男孩子，他们那么活泼，浑身充满力量，而且能言善辩，简直是天生的演讲家！"在父亲心里，只有这样的男孩才是真正的男子汉，才是值得他骄傲的。为了让卡夫卡和其他男孩子打成一片，渐渐地改变他沉默内向的性格，父亲甚至挥舞着皮鞭把卡夫卡从家里赶出去。但是，卡夫卡只想做自己。有的时候被父亲逼得无奈，他也尝试着想要改变，但是最终的结果告诉他，他根本不可能改变。他的内心胆小怯懦，他无法做到谈笑风生地和别人聊天，他也不想融入人群中，说那些无聊的话，做那些无聊的事情。也因为父亲总是不择手段要求他走出去，他对于外部世界反而更加恐惧。为了躲避父亲的打骂，他的心灵变得更加敏感脆弱，而且学会了察言观色。他时常感到痛苦，但是他常常选择忍耐和逃避，选择默默地承受。正是在这样的环境中，他不断地成长，也渐渐习惯了自己的性格，不想再做出改变。这个时候，父亲已经对他失望透顶，哪怕他从来不出门，父亲也不再管他。

卡夫卡当然觉得痛苦，但是他并没有像父亲所担心的那样无法在社会上生存和立足。他学习成绩很好，不但顺利考入大学，还获得了博士学位。因为内心长久以来都很敏感，他看世界的眼光比普通人更加深刻和敏感。为此，他成了一名作家，创作出很多优秀的作品，诸如《变形记》等作品被翻译成很多国家的语言，走向了世界。他还开创了现代派文学，也以此奠定了自己作为世界级文学大师的基础。想必父亲在看到卡夫卡做出的这些伟大成就时，一定会感到非常震惊，也想不通曾经那个胆小怯懦的男孩如何就成了举世闻名的文学家呢！

每个人都有自己的优势和长处，如台湾漫画家朱德庸从小就不擅长语文的学习，而对图形非常敏感，其实很多文学家也都不擅长数学学习，甚至他们之中不乏有人的数学成绩为零，但是这不妨碍他们成为伟大的国学大师或者才华横溢的文学家。每个人的天赋都是不同的，大多数人也许在天赋方面相差无几，但是有些天赋异禀的人，则会在某个方面出类拔萃，而在其他方面表现平平。为此，我们要理性认知自己，知道自己擅长哪些方面，不擅长哪些方面，从而扬长避短，取长补短，让自己发展核心竞争力，成为特定领域中不可取代的人，这才是最重要的。

在这个世界上，命运并非我们人生的主宰，每个人都是自己的上帝，都是自己的神，最终人生将会以怎样的面貌呈现，不是取决于命运，而是取决于我们自身。我们要像李白一样坚信"天生我材必有用"，要努力发掘自己的天赋和特长，从而

让自己获得长足的发展。不要因为自己在某些方面表现平平，就因此而否定自己，而是要相信自己一定有独到之处，也一定会在人生中的很多方面做出更好的成就和取得更伟大的发展。要相信相信的力量，要相信自己，这样我们才能激发自身的所有潜能，在成长的道路上更加事半功倍，努力向前。

挣脱内心的束缚，前方的路更清晰

曾经有一位名人说过，人最大的敌人就是自己。这句话非常有道理。在漫长的人生历程中，人不但要与外部世界抗争，更多的时候，是被自己的内心束缚住，所以要想突破和成就自己，就要更加努力地挣脱内心的束缚和禁锢。

很多人都喜欢看《西游记》，那么就会知道在孙悟空的头上有一个紧箍咒，只要唐僧开始念起经文，孙悟空就会头痛欲裂，对着唐僧跪地求饶。从本能的角度来说，每个人都想挣脱所有的束缚，让自己拥有绝对的自由，然而，每个人只要活着，就会受到各种制约，绝对的自由是根本不可能实现的。那么，在相对自由的范围内，如果我们能够战胜自己，挣脱内心的束缚，让自己的心朝着人生的目标去奋斗，人生就会有更加清晰美好的未来。

在世界撑杆跳的历史上，俄罗斯运动员伊辛巴耶娃无疑是

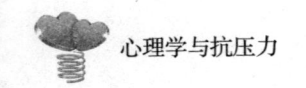

一个传奇人物。她曾经26次打破世界撑杆跳的纪录，也为此把世界撑杆跳的纪录高度提升到5.05米。对于这样的一个选手，整个世界都在关注她。

2009年，第十二届世界田径锦标赛在德国柏林举行，伊辛巴耶娃准备打破第27次世界纪录。对此，伊辛巴耶娃毫无压力，在其他选手比赛的时候，她因为最后出场，所以一直在场外等待。伊辛巴耶娃的教练也对她的夺冠和再次打破世界纪录毫不担心。然而，最后一个出场的伊辛巴耶娃最终的表现让所有人都感到惊诧，她非但没有打破自己曾经创造的世界纪录，还在三次跳跃中都遭遇失败。这样的打击和强烈的反差，让伊辛巴耶娃无力承受，她颓然地坐在地上掩面痛哭。在她的职业生涯中，从未遭遇过这样的惨败，她的自信心一瞬间低落到极点。然而，经历过这样的痛苦之后，伊辛巴耶娃很快从失败之中挣脱出来，次日就精神饱满地出现在公众面前。她战胜了自己，也理性分析出自己虽然一直坚持不懈地锻炼，但是却承受了太大压力，最终被压力束缚住，所以才会有如此糟糕的表现。痛定思痛，她决定放下一切压力，回归本心，从而更加坚定地走好属于自己的职业道路。伊辛巴耶娃说，她依然会致力于打破世界纪录，但是会先做好自己。

每个人在生命的历程中，都会遭遇各种各样的束缚和禁锢，也会因此而导致自己内心沉重，在做很多事情的时候都无法尽情地展示自己、释放自己，也就无法发挥出所有的力量。

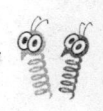

其实，人争强好胜是可以的，为了目标不懈努力也是应该的，但却应该适度地放下功利心，在做事情的时候保持更加纯粹的态度，这样才可以真正做到抛弃私心杂念，砥砺前行。

在这个世界上，没有任何人的一生会非常顺利、毫无压力地度过。既然人生的常态就是不如意，那么就让我们坦然地面对不如意，也学会把压力转化为动力。人生，从未有一蹴而就的成功，也并不会有天上掉馅饼的好事情。所谓积少成多，聚沙成塔，从科学的角度而言，也有量变引起质变，既然如此，就让我们潜下心来，认真努力地面对生活，也要给予人生中的很多坎坷困境以恒心和毅力。要相信，只要坚持不懈，勇敢前行，我们就能够超越人生的困境，迎来柳暗花明又一村的惊喜。

欣赏自己，才会活得更好

今天，你努力了吗？如果答案是否定的，那么就承担一切后果，而不要抱怨自己毫无收获是因为命运导致的；如果答案是肯定的，那么恭喜你，你已经迈出了通往成功的第一步，也有资格憧憬未来，畅想成功了。当然，努力只是通往成功的第一步，至于最终能否真正到达成功的彼岸，还需要更多的努力，也取决于更多的条件。

过了努力的门槛，你才能更加从容不迫奔向成功，也才具备获得成功的资格。然而，努力并非短暂的事情，而是持久又漫长的过程，更不是一时兴起就努力一下，等到兴致不高时又放弃了。所以必须坚持努力，而不要懈怠和放弃。这就是努力的方式，不是一蹴而就，而是水滴石穿，绳锯木断。还有些朋友在付出努力却没有得到相应的结果之后，未免会抱怨自己不够幸运，殊不知，是否幸运并非取决于努力的程度，也不要因为努力而没有收获就否定自己，而要相信自己，悦纳自己，才能成就更好的自己。

也许有些朋友会感到纳闷：世界上，有谁会以否定自己为有趣呢？偏偏就有这样的人，总是否定自己，也总是不愿意相信自己。殊不知，一个人奔向成功最大的阻力，就是不自信，就是盲目自我怀疑，始终无法坚定不移高扬起人生的旗帜努力上进。悦纳自己，是接纳世界、认可他人的第一步，也是获得成功的先决条件。试想，如果一个人不相信自己，又如何相信他人，与他人建立良好的关系，从而获得成功呢？

一次努力没有收获并不代表什么，因为努力是持续的、循序渐进的过程，是在人生之中不断积累和奋发向上的过程。努力当然是个褒义词，而且向人们传达出积极的意味，但是努力从来不是随心所欲，也不是想当然，而是持续不断地付出，哪怕遭遇挫折也绝不放弃，哪怕有了小小的成绩也绝不沾沾自喜。就这样不断地努力，积极地向前，人生才能因为努力而变得不同。

第 5 章　接纳真实的自己，不惧外界压力

不可否认的是，现实生活中，大多数人都是普通而又平凡的，所以他们并没有独特的天赋，也没有过人的条件。作为普通人，要想获得成功，就要戒骄戒躁，绝不辜负好时光，也不急功近利，更不会把人生当成一场博弈。唯有怀着积极向上的人生态度，让自己拥有从容淡然的心境去努力，才有可能有心栽花花不成，无心插柳柳成荫。有的时候，成功就是你只需要坚持努力，其他的交给时光去成全。

例如，你在读大学期间每天坚持背诵5个英语单词，那么经过几年的大学生活，你的英语水平一定会取得突飞猛进的进步。再如，如今随着生活水平的提高，越来越多肥胖人士为了减肥，要么去爬山，要么去健身房做各种运动。殊不知，仅靠一次运动，哪怕把自己累死，也无法使自己变得纤细苗条。要想减肥，不但要管住嘴，还要迈开腿，更要坚持不懈，持之以恒。所以朋友们，不要抱怨人生总是充满坎坷困境，也不要抱怨自己付出努力却没有任何收获，而要扪心自问：我的努力够坚持吗？当答案是肯定的，也要继续告诉你：我之所以还没有成功，只是因为我的努力还远远不够。唯有拥有健康积极的心态，我们才能在努力之后收获人生，也才能在努力之后证明自己的实力和价值！当然，这一切的前提都是认可和接纳自己，欣赏和相信自己！

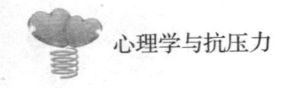

活出最真实的自己

在这个世界上，每个人都是独一无二的存在，每一个生命都是不可复制和不可或缺的。然而，在现实生活中，偏偏有很多人特别在乎他人的眼光和评价，甚至因为他人随随便便的品头论足，就彻底改变了自己。殊不知，一个人再怎么设身处地，也不可能完全站在他人的角度上，从他人的立场出发解决问题。每当此时，看似真诚给出的各种建议，很有可能会使他人感到困惑，甚至误入歧途。尤其是当周围的声音此起彼伏时，当事人更会觉得惊慌失措，甚至完全迷失了人生的方向。不得不说，人生从来不是公平的，每个人也根本无法仅仅凭着自己的努力就收获人生，那么如何处理好与他人之间的关系呢？这既关系到我们在人生之中会有怎样的收获，也关系到我们的人生将会何去何从。

有人说人生就是接二连三的磨难和考验，也有人说，人生就是不断地选择。的确，如果能够把人生之中每个选择都决定得恰到好处，那么人生就会非常成功。然而面对某些选择，许多原本坚决果断的人也会有所迟疑不决，犹豫不定，甚至不知道怎样做出决断。在这种情况下，与其一味地抱怨命运没有公平地对待自己，不如调整心态，边走边看人生的前路，也给予自己更多探索的机会。

现实生活中，每个人都有自己的小九九算盘，虽然人人

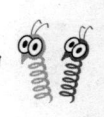

都不约而同想要收获人生，成就璀璨辉煌的人生，但是却各有人生之路。人生，未必能够殊途同归，相反，不同的人生道路下，一个人也许能够成全自己，但是却未必能够模仿他人。从这个角度而言，所谓的成功是不可复制的，成功的经验固然可以借鉴，但是根本不能作为人生的重头戏上场。我们既要坚定自己的内心，也要最大限度摒弃他人的不良意见，从而避免接受负面影响。在人生的过程中，我们既要从容对待人生，也要不遗余力创造人生，这样才能决定自己的人生之路，也才能主宰人生，操控命运。

偏偏生活中有很多好心人，他们喜欢关心别人的事情，不管是否真的能够帮到别人，他们都不遗余力出主意，给予他人莫衷一是的建议。从本质上而言，未必每个建议都会对我们有益，也未必每个建议都是真心诚意的。与其一味地盲从他人的意见或者建议，不如静下心来认真思考自身的情况，从自身的实际出发，最大限度打开人生的通道，让人生海阔天空。只有这样，我们才能在人生中有所收获，有所成就。

除了不能盲从他人的建议之外，换一个角度来说，我们也要管好自己的嘴巴，不能随随便便就对他人颐指气使。要知道，人人都有自己的人生，人人都有自己的梦想，作为旁观者并不可能看清所有局面，更不可能完全了解当事人的情况。唯有意识到这一点，我们才能有所收敛，不会指点江山般对于他人的人生指手画脚，也才能从容淡然欣赏他人的人生，在他人

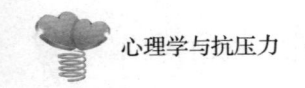

需要时适可而止表达自己的意见和看法。世界上，哪怕父母子女之间，也不能完全替代另一方去活出精彩，而只能有限度地介入彼此的生活。尤其是父母对于子女，虽然父母给了子女生命，抚养子女长大，但是不能就不请自来主宰子女的人生。也许子女小时候要完全依赖父母生存，但是随着不断成长，他们最终要拥有自己的人生，也要活出与众不同的精彩。

总之，朋友们，从谏如流不是盲从，哪怕对方是多么亲近的人，我们都要坚定不移做好自己，才能赢得对方的尊重。记住，人生最大的梦想，就是活出最真实的自己，就是活出独属于自己的样子，这样的人生才会让人敬佩，也是能够获得他人手动点赞的！

在困厄中崛起，绝不轻易屈服

不管你是刚强的男性还是柔媚的女性，你都要牢牢记住一点，那就是你远远比自己想象中更坚强、更强大。曾经有心理学家经过研究发现，每个人的潜能就像是一座隐藏的宝藏，都蕴含着丰富而又巨大的能量。既然如此，假如人人都能激发出自身的力量，让自己更加从容坚定，奋勇向前，那么他们就能够改变命运，主宰命运，也拥有属于自己的人生。否则，当一个人内心深处先把自己禁锢住了，觉得自己压根儿没有什么

了不起的，甚至妄自菲薄，那么他们又如何能够战胜命运的磨难，从容地应对自己的人生呢？要知道，人生从来不是一帆风顺的，总会遭遇各种各样的困厄，如果在命运的坎坷和挫折面前缴械投降，人们连自己的未来都会失控。

尤其是很多女孩从小就是娇娇女，总觉得自己理所应当遇到困难就退缩，遇到难处就逃跑，或者向父母求助，却从未想过自己终有一日不得不独自面对生活，也要在人生的坎坷与磨难中不断地成长和接受历练。所以有人说父母对于孩子最可怕的爱，就是不管什么事情都为孩子代劳，而从来不想一想孩子日后如何生活。因而真正明智的父母，当孩子遭遇困境的时候，绝不会为孩子代劳，更不会帮助孩子解决一切困难，而是会理性地引导孩子，让孩子依靠自己的力量循序渐进解决问题。唯有如此，孩子长大成人之后才能凭着自己的力量取胜，才能在人生的困厄中崛起，绝不轻易屈服。

当然，除了父母对待孩子之外，每个人对待自己也应该怀有同样的态度。固然趋利避害是人的本能，但是对于每个人而言，如果一直处于衣食无忧的状态，成为温室的花朵，所谓人生如同逆水行舟不进则退，日久天长，他们生存的能力必然下降，他们的未来也必然会在人生的困厄中彻底陨落。对自己负责任的人不会一味地追求安逸舒适的生活，相反，他们会努力地提升和完善自身的能力，也会抓住一切可能历练自己，锤炼自己，让自己变得更加充实，紧张又忙碌。这样一来，他们才能在人生之中

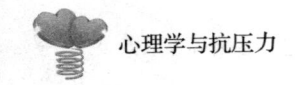

看到别样的风景，也才能获得别样的人生，避开人生的困厄。

很多细心的朋友会发现，有些人平日里看起来弱不禁风，甚至风一吹就要倒了，似乎根本无法接受任何考验，但是等到人生真正遭遇大的挫折和磨难时，他们反而能够激发出内心的力量，从而做出让人刮目相看的举动。例如，当内心犹豫不定时，他们的力量会减弱，而当事到临头无处可逃时，他们会逼着自己根据最初的反应做出毅然决然的选择。如此一来，他们真正去做了，而不是在恐惧中退缩，反而能够推动事情不断向前发展，也能让事情朝着他们既定和预期的方向前进。很多时候，事情并没有那么糟糕，之所以看起来陷入困境，是因为人们被自己内心的囚牢禁锢住了。

对于每个人而言，最重要的在于突破内心的囚牢，也在于要激发出内心的一切力量和无限潜能。记住，你并不认识自己，正如人们常说的，人生最难的事情是认识自己，人生中最大的阻碍力量也来自自己的内心。有人说心态决定一切，这句话其实很有道理，当调整好心态，我们就能在人生中无所畏惧，也能够在人生中勇往直前。

要想驾驶命运之舟到达理想的彼岸，我们就要不断拼搏，努力地向前。这么做未必能够得到命运的垂青，但是如果不这么做，只会让命运之舟偏离人生的轨道，甚至完全脱轨。所以朋友们，在人生之中，我们时不时地就要逼迫自己一次，这样才能遇见最好的自己，成就最好的自己。

第6章
战胜恐惧,安全感让你不被压力侵袭

对待各种事情,我们难免会有畏惧之感,就像踩着老虎尾巴一样畏惧,像走在春天即将融化的冰面上一样战战兢兢。这几乎是恐惧的真实写照,学会战胜那些紧张不安的情绪,安全感会让我们不被压力侵蚀。

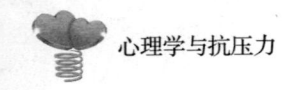

社交恐惧，无法主动走出自我的世界

在生活中，一些人饱受社交压力：讨厌面对人群或害怕面对人群，他们觉得恐惧、不好意思，对自己以外的世界有着强烈的不安感和排斥感。他们常常逃离人群，除了几个亲近的人之外，他们不愿意与外面的世界沟通。他们大多都有人际交往障碍，心里有很多苦恼："我性格内向，不愿和别人交往，我挺烦的，怎样才能做一个善于交际的人呢？""我是一个女孩，我想说的是，我无论和男的或女的说话时，不敢看对方的眼睛，手一会儿挠头一会儿揣兜，不知道该怎么办？""我太在乎别人对我的看法，和别人沟通时，我都担心别人怎么看我，尤其是面对比较重要的人，我还有点自卑。""我觉得我自己心理上有问题，很多时候很想跟别人聊天，但又不知道有什么好聊的，很多时候我很害羞，说话也不敢大声，我感觉自己好胆小好内向。"从这些心声中，我们可以看到他们中的大多数只是性格内向不善于交际，或是不懂得社交的艺术，从而导致社交过程中出现不适，并非他们不愿意与人交往。

艳艳17岁了，是一所普通高中二年级的学生，爸爸和妈妈都是大专毕业，在机关工作，家族都没有精神疾病史。因为家里就她一个孩子，全家人对她都很疼爱，不过，她爷爷对她要

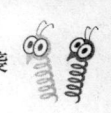

求严格，希望她将来可以开创一番大的事业。艳艳从小就很腼腆，不喜欢说话，家里要是来陌生客人了，她也是经常避而不见。在整个读书期间，她没什么朋友，平时不上课就窝在家里。

但现在艳艳读高中了，要求寄宿，她感觉到很多事情不顺利，因此很苦恼，常常向妈妈抱怨，一副不知所措的样子。前不久，艳艳发现一个男生无意中用余光瞄了一下自己，她就觉得对方在警告自己。从此，她更害怕与人打交道了，尤其是遇到异性时，她会很紧张，注意力无法集中，学习没有效率。后来，甚至发展到与同性、老师都不敢视线接触。她常常对妈妈说："妈妈，我很痛苦，好苦恼，可又不知道该怎么办？"

在青春期，性格内向的孩子很容易患上社交恐惧症，严重的还会发展成社交恐怖症。在青春期，一个人生理和心理都会发生急剧的变化，如果在这一阶段承受了太重的心理压力，没有解决好，就很可能影响他们将来的升学、求职、就业、婚姻等一系列社会化进程。

1. 尽可能与他人交往

别总是一个人宅在家里，时间长了都会发霉。所以，如果想突破自己的交际恐惧，那就需要走出家门，尽量与他人交往。在与他人的交往中，会遵守共同的规则，从而学会交往，学会尊重别人的权利。而且，从中还可以学到如何与人合作，如何交朋友。

2. 参加活动可以帮助你拓展圈子

在家里，有可能你所能接触到的就是自己的家人。即便是

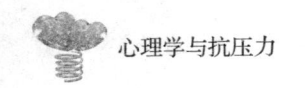

一起工作的同事，很多也只是打过照面，没有真正接触，更别说成为朋友了。而公司举办的一些有意义的集体活动恰好为你提供这个机会，在活动中，你可以认识更多的朋友，相应地，也拓展了你的交际圈子。

3.参加活动可以有效锻炼你的交际能力

有的人比较羞涩，性格内向，他们的交际能力较差，像这样的人更应该参加一些有意义的集体活动。在活动中，气氛比较热烈，能够激起大家聊天的欲望，如此的话，能够有效地锻炼你的交际能力，提升你的口才水平。

4.明白没什么可怕的

我们要明白在交际场合，即便出现了最糟糕的情况，也没什么大不了的。所以，让自己冷静下来，做好自己，没什么可怕的。

5.做一个主动者

美国前总统奥巴马总是面带微笑自信地走向大家，然后花一段时间向在座的人介绍自己，他一切的行为都令他看起来非常自信，极具总统范儿。假如一个人总是低着头走路，等待着别人来和自己打招呼，往往很容易被身边的人忽视。

患有社交恐惧症的人无法主动走出自我的世界，也不愿意加入人群。他们只要在人多的地方就会觉得很不舒服，总害怕别人注意自己、担心自己被批评。实际上，他们的一切行为都源于内心的恐惧，一旦内心的恐惧消失了，他们就会慢慢变得自信起来。

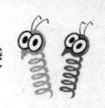

勇气是良药,让恐惧消失于无形

现实生活中,很多人都会感到恐惧,也可以说恐惧是人的本能之一。然而恐惧虽然源自天然,却并不能对人生起到积极的推动作用,除了让人对很多事情敬而远之外,恐惧只会摧残人的创造精神,从而让人的个性渐渐消失,甚至还会使人的精神趋于萎靡不振,让人的力量也变得越来越衰弱。一个人如果是勇敢而又坚定的,那么在面对人生中的很多事情时,他们就会从容淡然。与此相反,一个人如果是胆小怯懦的,那么在面对人生中的很多难题时,他们就会紧张不安,焦虑惶恐。由此可见,恐惧实际上是人无法避免的一种负面情绪。越是胆小无能的人,越容易陷入恐惧之中。古今中外,恐惧都是人类最不可战胜的敌人。一个人如果能够真正战胜内心的恐惧,那么他就能成为人生的强者,也能够在人生中创造与众不同的天地。

生活中,很多人都擅长未雨绸缪,在事情没有发生之前,他们就会极尽所能地考虑周全,把事情最坏和最好的结果都考虑在内,也做好预案。未雨绸缪固然是好事,如果过度就会变成杞人忧天。众所周知,杞人忧天的人总是陷入恐惧之中无法自拔,甚至因为一些莫须有的事情而让自己变得诚惶诚恐。例如,他们会无端地担心根本不可能发生的事情,看到孩子出门就会担心孩子出现危险,看到家里没有人看门,就会担心家里遭遇盗贼。总而言之,恐惧与他们如影随形,让他们不管做任何事情都无法内心坦荡，从容不迫。他们总是被恐惧裹挟，甚至觉得人生已经无法继续进行下去了。当恐惧过度的时候，人们就会情不自禁地想要逃避，尤其是遇到那些难度比较大的事情时，他们更是会因此而产生胆怯退缩的心理。很多人还会恐惧失败，因为害怕失败，他们不敢放开手脚去尝试，殊不知，什么都不做，把自己变成套中人，固然避免了失败，但是也使得他们彻底地错失了成功。凡事都有百分之五十的可能，当以辩证唯物主义的观点看待人生时，我们就会发现一个从来不敢尝试的人虽然不会失败，也绝不可能成功。所以我们一定要战胜恐惧心理，这样才能让自己的人生从容坦然，也会让自己更加勇敢坚定。英国前首相丘吉尔曾说过，一个人只有变成真正的勇敢者，才能够以勇猛果敢代替恐惧，才能够爆发出自己所有的力量去解决问题，展开行动。由此可见，勇气是抵御恐惧的良药，也是让恐惧消失于无形的最好办法。

秦朝末年，因为秦王的残暴统治，很多诸侯都趁机造反。秦国派出上将军章邯攻打赵国，后来又在巨鹿把赵军团团围住。如此一来，赵王迫于无奈，只好向楚怀王等诸侯国的君主求援。在当时，秦国实力很强大，根本没有诸侯国愿意与秦国为敌。但是因为此前有盟约在先，所以楚怀王派出宋义和项羽率领大军，奔赴巨鹿援救赵国。不想，宋义是个贪生怕死之辈，在到达安阳之后，他就就地安营扎寨，止步不前。

项羽几次劝说宋义向巨鹿发兵，但是宋义却充耳不闻。他

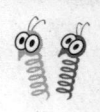

不但不顾赵国死活，也不顾全体将士的死活，整日花天酒地。看到劝说宋义无果，项羽一怒之下杀死了宋义，并且自封为代上将军。后来楚怀王知道宋义已经死了，只好当即任命项羽为上将军。项羽对秦国恨之入骨，先是派出精英部队切断秦国的粮草通道，随后又率领主力渡河。渡河之后，项羽只发给每个人三天的干粮，并且让将士们砸碎做饭用的锅，烧掉晚上休息的帐篷，并且把渡河用的船只也凿穿了，沉入河底。如此一来，全体将士都知道自己只能全力以赴，与秦国的军队决一死战，否则再也没有退路。就这样，全体将士都奋不顾身地与秦军厮杀，最终在与秦军大战了几个回合之后，彻底打败了秦军。这次战斗让秦军元气大伤，也让项羽在反秦的队伍中声名大噪。

现实生活中，很多时候我们明明想好了要去做一件事情，但却因为思虑太多而始终无法马上采取行动。就像人人都想改变自己，却不知道从何下手，也不知道从何时开始真正地改变。正是因为这样犹豫不决的心态，使得很多人错过了千载难逢的好机会。实际上，我们并不是因为拖延才错过机会，而是因为内心的恐惧。恐惧就像是冰冷的海水，它会耗尽我们的热情，让我们裹足不前。在这种情况下，我们唯有真正战胜恐惧本身，消灭心中的恐惧，才能拥有美好的未来。

恐惧是一种正常的行为，我们无须因为自己恐惧就感到惊慌，就算是一个真正的英雄，他在面对反常的情况时也会感到

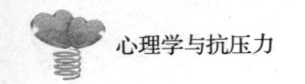

恐惧，至于每个人平日里挂在嘴边的镇定从容，实际上只是一种美好的状态。恐惧本身并不可怕，害怕恐惧才是最可怕的。所以我们应该直面自己的恐惧，这样才能让恐惧消失得无影无形。

理性战胜恐惧，突破怯弱的自我

现实生活中，很多人都喜欢逃避，对于他们无力面对或者不愿意面对的一切，他们总是选择逃避的态度，以为这样就可以避免失败。殊不知，当陷入极端的恐惧之中，他们不但避开了失败，也彻底失去了成功的机会，为此让自己在人生道路上常常面临困境，甚至是绝境。其实对于每个人而言，最可怕的不是那些具体的事情，而是每个人心底的恐惧。正因为如此，才有心理学家提出，恐惧本身才是最可怕的。

从本能的角度而言，恐惧是人的本能之一，有很多恐惧都来自天然，是人无法控制的一种情绪感受。恐惧不是一种积极的感情，尽管恐惧可以帮助人们躲避危险，但是当恐惧过度，就会导致人对于很多能够做好的事情也总是畏缩和迟疑不前，这样一来，恐惧就会对于人生起到消极的抑制作用，使人过于安守本分，根本不敢去做很多富有创造性的事情。可想而知，这对于人生的影响该有多大。所以我们要想变得强大，就一定

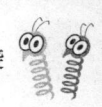

第6章 战胜恐惧，安全感让你不被压力侵袭

要战胜内心深处的恐惧，一定要淡然从容应对人生，才能在成长的过程中不断地崛起，持续地进步，也一定要全力以赴做好该做的事情，才能让人生拥有更多成功的机会，也让未来变得更加美好且值得期待。

恐惧是一种负面情绪，越胆小的人越容易陷入恐惧的状态之中，我们一定要让自己变得更加勇敢，哪怕在人生中面对各种看似无法战胜的局面，也要坚定不移，勇往直前。否则，我们就会彻底退缩，根本无法在人生中有更加美好的未来和更快速的成长。古往今来，人类都有恐惧的本能，只有战胜恐惧的人才能成为人生的强者，也才能成为命运的主宰。

为了给事情争取到更好的结果，很多人都会未雨绸缪，先对事情的结果进行一番估计，而等到事情的结果不如意时，他们就会陷入恐惧之中，也会因此退缩不前。甚至很多人因为过度未雨绸缪变成了杞人忧天。实际上，任何事情在发展的过程中也会不断地向前推进，在此过程中，事情各个方面的进度都在推动向前，为此很容易就会使得事情在发展过程中或者朝着好的方面转化，或者朝着坏的方面转化，而且好坏发生的概率是均等的。在这种情况下，我们还有必要因为恐惧而放弃努力尝试的机会吗？如果彻底放弃只会失败，尝试却有可能争取到成功的机会，那么我们为何不去尝试呢？

很多朋友都喜欢看好莱坞大片，尤其喜欢那几位硬汉的形象。那么就会发现，那些硬汉之所以成为银幕上的经典形象，也成为几代人都狂热喜欢和崇拜的偶像,与他们在影片中塑造的英雄角色是分不开的。他们在影片中不管是大英雄,还是名不见经传的小角色,都非常努力,不管面对的状况多么艰难,他们总是决不放弃地勇往直前,也会全力以赴地奔向人生中最美好的未来。正是因为如此,他们才能够在最后时刻取得成功,也才能在扣人心弦的情节之后扭转局面。正是这样的勇往直前,让他们成为所有观众都期待和崇拜的人。

恐惧尽管有这些负面的作用和消极的影响力,但却是一种很正常的生命情感,当你情不自禁地陷入恐惧之中时,不要惊慌,也不要因此而否定自己,应该全力以赴做好该做的事情,这样才能随时做好准备,抓住机会。有些人对于恐惧存在误解,觉得那些真正的英雄都是从来不会感到恐惧的。其实不然,每个人都会感到恐惧,包括那些大英雄在内。他们之所以伟大,是因为他们能够战胜恐惧。常言道,无知者无畏,无知者英勇无畏,就是真正的强者吗?当然不是,因为无知者不知道事情的真相,也不知道害怕,所以他们不是真正的勇敢。只有那些感受到危险的存在,也能够理性战胜恐惧的人,才能够真正地突破自我和超越自我,从而在人生境遇中面对各种恐惧的时候,做到努力勇敢,无所畏惧,这才是真正的人生强者所为。

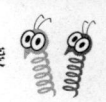

内心充满力量，那就是安全感

人人都想获得安全感，然而安全感并非是从外部得到的，而是从自身得到的。我们要让自己变得更加强大和无所畏惧，从而获得安全感，而不要总是期望从外部获得安全感，更不要把获得安全感的希望寄托在别人身上。所谓靠山山会倒，靠树树会跑，每个人唯有自己才是自己的依靠，一定要让自己变得更加强大，内心充满力量，才能在人生之中有更好的成长，而不会因为外部的任何风吹草动就马上迷惘和惊慌。

遗憾的是，在现实生活中，很多人误以为安全感要从别人那里获得，为此他们常常会对他人寄予很大的期望，而不愿意努力提升和完善自己获得安全感。这么做的直接后果就是他们根本不可能获得安全感，因为除了父母会为年幼的孩子提供安全感之外，没有任何成人可以保障别人的安全。就算是父母，等到孩子有朝一日长大成人，父母也就无法继续照顾和呵护孩子。而孩子羽翼丰满，需要依靠自己的力量去生活和成长，也需要靠着自己的努力去圆满人生，甚至还要照顾年迈的父母。由此可见，每一个孩子要想获得更好的生存，就必须让自己不断地成长，变得强大起来。一味地依靠父母，等父母老去，就会在陷入人生困境时，很无奈，更没有力量驾驭人生。

作为一个成年人，我们应该时时处处都关注给自己安全感这件事情。在如今这个时代里生存，要想获得安全感会很难，一

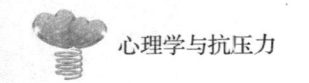

则是因为生存的压力越来越大,二则是因为竞争也变得日益激烈。为此,我们必须时刻留意提升自己的能力,以实力为自己代言,这样才能以自身的不变——持续提升实力,应付人生的万变,也才能在人生的各种境遇中获得更好的成长和发展,变得越来越成熟,越来越坚强,真正以强者的姿态傲然屹立于人生之林。

如今,有太多的女孩内心特别浮躁,她们想要不劳而获,一下子就获得成功,得到自己梦寐以求的一切,而不愿意通过努力去收获更多。为此,很多女孩都做着嫁入豪门的梦,但是却从未想到自己有朝一日可以凭着努力过上梦寐以求的生活。然而,一夜梦碎豪门的女孩也不在少数,对于爱情,明智的女孩会选择和所爱的人一起打拼,会选择宁愿坐在自行车上笑,也不要坐在宝马里哭的踏实婚姻,与爱人一起努力奋斗,踏踏实实在人生的道路上稳步向前。

在现实生活中,只把安全感挂在嘴边上是远远不够的,更重要的在于,我们要努力奋斗,展开实际行动,让自己距离梦想越来越近。而且,真正的安全感与一个人拥有多少财富与权势没有关系,而是与一个人内心是否知道要什么,是否笃定在人生之中展开追求有密切的关系。一个人即使有很多金钱,如果没有得到自己梦寐以求的生活,也未必有安全感的。真正的安全感来自人的自信和对未来生活的把握,当很清楚自己想要什么,也明确自己只要通过努力就能得到的时候,我们的内

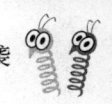

心无疑是充满安全感的。记住,安全感只能自己给自己,当你足够相信自己,当你认为依靠自身的力量一定能够创造生活,打造生活,你就会越来越有安全感,你的人生也会变得与众不同,充满信心和力量。

勇于面对,才能不断前进

很久以前,我并不理解鲁迅先生说的"真的勇士,敢于直面惨淡的人生,敢于正视淋漓的鲜血"这句话的真正含义。有所经历以后才愈加明白:面对残酷的现实其实需要很大的勇气。生活中的我们不见得会遭遇到多么骇人听闻的悲剧,却总会有数不尽的艰难与困阻。只有勇于面对,才能够不断前进。而逃避只能代表懦弱,会让你形成懒惰的恶习,进入难以自拔的怪圈。

大学毕业的时候,李龙河和黄亚龙同时进了一家上市公司上班。两人是同班同学,后来又同时被分配进了公司的业绩部门做销售员。李龙河是个积极、乐观的人,在熟悉了公司业务的相关流程以后,很快就针对公司部门的职位构成给自己做了一套详尽的职业发展规划。根据自己的发展规划,李龙河工作积极上进,遇到什么难题都积极解决。还利用空余时间通过表格工具等做数据分析,主动对难搞定的客户做相关的原因分析,探究成交秘诀。一年的时间很快就过去了，李龙河的努力收到了回报，他不光被评选为"部门销售冠军"，也因为优异的工作表现被领导考虑为公司支柱型人才。两年以后更是被提升为销售部门经理。后来，有猎头公司主动打电话联系到他，为他介绍了更有实力的公司，李龙河凭借过硬的专业素养成功征服了对方，成了那家公司销售部门的负责人，从此走上了更加宽阔的职业发展道路。反观黄亚龙，性格比较悲观，对什么事情似乎都提不起兴趣。上班的时候消极怠工，应付了事，遇到什么难题都抱怨连连，怪自己倒霉，怪公司制度管理不完善。领导每次找他谈话的时候，就听他抱怨自己工资太低，环境差，任务重，压力太大，或者说自己不知道目标在哪里，不清楚领导的相关安排，不清楚工作的具体步骤，或者干脆推卸责任，说这些事情不归自己管……总之，就是自己都是对的，问题的责任都是其他人的，却从来不懂得反思自己的问题。

就这样，短短半年时间，黄亚龙就遭到了辞退。接下来的时间里面，黄亚龙又重新找工作，换工作……短短三年时间，他换了五份工作，却没有得到任何提升，没有取得任何成就，反而遇人就抱怨自己的不幸，积聚了满腹的牢骚。

人生就是这样。所谓越努力越幸运，越逃避越倒霉。当你用逃避的心态面对一切的时候，你遇到任何问题都会绕道而走。就像是案例中的李龙河和黄亚龙，面对相同的境遇，一个选择积极向上，主动解决，最终的结果也就是幸福美满。另一

第 6 章 战胜恐惧，安全感让你不被压力侵袭

个却消极悲观，故意逃避，最终只能陷入困难的旋涡，难以自拔。逃避会上瘾，逃避带来的懒惰与一时的清闲会让你对自己的人生产生一种轻松的假象。但，请你相信：勇敢地面对现实残酷的真相才是你通往幸福的必经之路。人生路上总是有很多我们绕不过去的必经之路，面对这些必须迈过去的坎，你可以选择主动出击，勇敢面对，也可以选择懦弱逃避，只是你要明白，人生是自己的，任何人都无法替你完成。过去的已经成为定局，无法改变，未来却可以通过你主动积极的努力得到改写。

任何事情成功的关键其实都是熟能生巧。人生在世，我们总会遇到各式各样的困难与烦恼，但是只要积极向上，勇敢面对遇到的一切困难，就不会永远只面临相同的一个烦恼。因此，我们没有必要陷在悲观消极情绪旋涡里走不出来。将不同阶段的这些烦恼当成人生的一个过客，所有烦恼的出现只是为了磨炼我们的意志，考验我们的信心。只要学会勇于面对，积极主动，困难就会像见不得阳光的黑暗，瞬间消失。

今天虽然很短，却很重要。转瞬即逝的当下不仅能够将过去的辉煌延续，更能够为灿烂的明天打好坚实的基础。请你相信办法总会比困难多，只要通过积极主动的努力，我们就能够把失败的昨天变成成功的明天。这一切的前提都是：你足够努力，不要逃避。因此，既然身处今天，就不要总是怀念过去，感叹现状，充满埋怨。我们能做的应该是把每一个今天都当成人生的

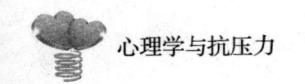

开始。用积极向上的心态面对一切，脚踏实地，积极主动，将今天遇到的问题及时解决，才有可能迎来灿烂光明的明天。不是吗？

第 7 章
欣赏自己，自信可以为你解压

人生是一条路，再多的坎坷也要走，再曲折也要前行，路途中伴随最多的是艰辛与孤独，所以更应该学会欣赏自己，而不是希望别人来欣赏自己。学会欣赏自己，自信可以为我们解压。

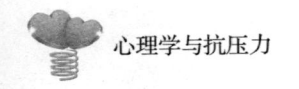

自信，让人生绽放异样的神采

自卑是人生的大敌，一个人如果陷入自卑的旋涡之中无法自拔，就会长久地沉浸在自暴自弃的状态之中，也会因为缺乏自信的支撑而变得更加怯懦，无形中就低估了自身的力量。前文说过，要相信相信的力量，就是告诉我们，相信是强大的力量，能够创造奇迹，改变未来。那么一个人对于自己的相信，必然改变自己的人生和命运，也能够让人生绽放出异样的神采。

前几年，在网络上有一张照片流传很广，照片的主角是一位英国姑娘。和大多数网红都有着漂亮的脸蛋和曼妙的身材不同，这位网红姑娘的身材非常肥胖，但是她却勇敢地把照片在社交网络上晒出来，而且还是一张泳照。不得不说，这位自信的姑娘之所以能圈粉无数，是因为她的自信和勇敢。这位年轻的英国姑娘叫杰西卡，她之所以把泳照发到社交网站上，就是因为她想借此自嘲，但是她自信快乐的笑容却告诉每一个人，满身的脂肪并不妨碍她热爱生活。她还配文发表感慨："我这算勇敢吗？"不得不说，杰西卡是真勇敢，所以才能有如此自信和优秀的表现。很多人都在照片下跟帖，赞誉杰西卡勇于面对自己，其实杰西卡说自己只是想尽情地享受快乐而已。

如果把这件事情放在国内，就像当年的芙蓉姐姐、凤姐

事件一样，这样公然"晒丑"，一定会招致很多人的诟病。实际上，每个人都有权利相信自己，热爱自己。因而，一定要怀着更加自信的态度面对自己。尤其是如今的年轻人之中，有相当一部分人眼高手低，妄自尊大，而有的人却总是妄自菲薄，觉得自己距离成功有无限遥远的光年距离。从心理学的角度而言，每个人都要尽量客观公正地评价自己，才能有更加美好绚烂的未来，否则总是盲目地评价自己，最终必然导致迷失自我，根本不知道要如何更好地呈现出自己的状态。

有的时候，因为极度自卑，人们还会陷入迷惘之中，变得极度骄傲和自满。所以当看到一个很骄傲，甚至过度自尊的人，不要觉得他们是狂妄，反而很有可能他们是在以自尊掩饰内心的自卑。当一个人真正做到不卑不亢的时候，他们才是真正地有自信，也才会更加尊重自己，有更好的成长和表现。

自卑还会使人缺乏主见，盲目跟随他人一起改变自己。任何时候，都不要过于苛责自己，过高的、无法到达的高度和标准，会让人变得沮丧懊恼，对于自己评价过低，也会使得自己变得更加沮丧和绝望。实际上，目标固然要高于实际的能力，但是却不能过高，否则无论怎么努力都无法达到预期的高度，就会使人放弃努力。只有适度高于实际能力的目标，才能激发出人们的潜力，让人们更加努力奋斗，从而有的放矢地成就自我，获得充实美好的人生。

对于自信的人而言，人生当然是美好的画卷，对于自卑的

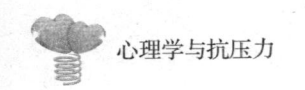

人而言，就要想办法战胜自卑，从而才能让人生展示出不同的风采。例如，在制订远大目标之后，可以把远大目标分解成小目标，这样在实现一个个小目标之后，才能获得小小的成功喜悦，也激励自己更加充满力量，砥砺前行。此外，不要拿自己的缺点和他人的优点比较，每个人都有缺点也有优点，金无足赤，人无完人，一个人不可能在所有方面都表现优秀，面面俱到，既然如此，就要客观评价自己，才能端正态度对待自己。任何时候，都不要被自卑阻挡进步的脚步，只有不断地砥砺前行，才能在成长的道路上更加执着前进。

赶走自卑，迎接阳光

在中国，出生于20世纪七八十年代的人，从小就被灌输"我不重要"的思想。在学校教育中，他们被灌输集体为大的思想，在家庭教育中，他们被灌输"哥哥姐姐、弟弟妹妹更重要"的思想，日久天长，就渐渐形成了"我不重要"的思想。众所周知，思想意识一旦形成，很难改变，尤其是当自卑在内心深处扎根，更容易让人生走入歧途。试想，一个自卑的人如何能够做到自尊自爱呢？所以，每个人都要调整好自己的心态，赶走心中的自卑，从而让人生更加从容坦然，也让未来豁达乐观。

第 7 章　欣赏自己，自信可以为你解压

不管是在生活中还是在工作中，自卑者往往束手束脚。他们自觉身份卑微，因而不敢大声说话，不管做什么事情都害怕遭到他人的嘲笑和挖苦讽刺。渐渐地，他们失去了自由，变成了不折不扣的套中人。可想而知，这样的心态下他们做事情更加小心翼翼，甚至过度谨慎。其实，人生总该有机会放肆地笑一笑，无所顾忌地哭一哭，也要不顾一切地冒险一次。这不是不自量力，而是更加尊重和相信自己的表现。

对于每个人而言，最糟糕的事情不是被他人否定和放弃，而是自己始终否定自己，对自己充满质疑，也无法接受自己。自卑者总是把爱自己的希望寄托在他人身上，觉得必须要非常努力，面面俱到，才能得到他人的爱，才能证明自身的价值。毫无疑问，一个不懂得爱自己的人是不完美的，他们缺乏自尊，不够自信，也总是因为精神上的分裂而变得面目全非，失去了自尊自爱的能力。正是因为每个人都无法放下固执的自我，所以才在爱自己的道路上走得那么艰难，无法做到随心所欲，更不能从容淡然。

就在准备订婚的前不久，小米在商场里看到男朋友和另外一个女孩拥吻在一起。那一刻，小米觉得内心彻底崩溃，她无法控制自己，因而失去理智地冲上去，质问男朋友："你为何要这么对我？她，到底是谁？"看到东窗事发，男朋友反而很淡然，对小米说："对不起，我们还是不要结婚了，我讨厌婚姻，只想享受自由自在的爱情。这是豆丁，我很爱她，她也爱

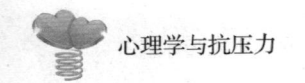

我。"听到男朋友的话,小米冲动地过去撕扯男朋友,歇斯底里地喊道:"我为你付出了大好的青春年华,既然你不爱我,那么你就要跟我一起去死。"说完,小米就把男朋友拖到马路边,想要和男朋友一起撞车身亡。幸好家里人及时赶来,才避免了这场惨剧。

回到家里,在家人的开导下,小米终于打消了自杀的念头,但是她很郁闷,因为她不知道人生到底要如何度过。痛定思痛,她把此前和男朋友在一起时想吃而又不敢吃的美食吃了个遍。原来,和前男友在一起时,小米为了保持苗条的身材,简直过着苦行僧一般的生活。暴饮暴食的小米一下子长胖很多,但是每当享受美食时,她的心情都变得越来越好。

在这个案例中,小米之所以因为男朋友的抛弃而感到痛不欲生,一则是因为失去了一段美好的感情,二则是因为她在此前与男友恋爱的过程中,始终都以男朋友的标准活着,而完全迷失了自己。正因为如此,她才觉得自己的付出都是不值得的,也因而感到愤愤不平。现实生活中,很多女孩都会犯和小米一样的错误,她们为了男朋友的喜好而保持纤细的身材,或者故意吃很多食物让自己变得圆润,也或者保留长发,等等。当然,用一定的形式表达对男友的深情厚谊是无可指责的,但不能为了一味地讨好男友,而让人生失去乐趣,迷失自我。

每个人都要自爱自尊自重,唯有更好地面对自己,珍惜自己,才能真正得到他人的喜爱与尊重。如果在生命中完全迷失

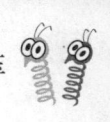

自我，只知道为他人活着，那么人生就会变得紧张而又局促，也会因此而陷入困境。现实生活中，不要因为任何原因而迷失自我，更不要因为任何原因轻易改变自己。一个人如果不爱自己，也就没有资格得到他人的爱，这是爱情中亘古不变的真理。同样的道理，在生活和工作中，每个人也要赶走心中的自卑，才能最大限度打开心扉，让自己傲然屹立于这个世界。

鼓足信心，让人生获得腾飞

细心的人经常会发现，在很多销售公司，每当开晨会或者开夕会的时候，销售人员总是聚集在一起，在管理者的组织下，进行一天的展望或者总结。而且，在会议刚刚开始或者即将结束时，他们还不忘鼓励自己："我是最棒的！我是最棒的！我是最棒的！"如果仅仅从旁观者的角度看来，这样的口号没有任何用处，完全是可笑的形式主义。但是当你真正用心去践行这样的形式主义，你会发现自己会越来越棒，越来越优秀。而且在这样的"形式主义"中，你也会渐渐地鼓起信心和勇气，最终成功地改变命运。

现实生活中，之所以很多人成功，很多人失败，并不在于他们的天赋有多大的差别，而在于他们面对人生的态度不同，面对失败的姿态也不同。对于每个人而言，唯有最大限度相信，也客观公正认知自己，既不因为自己的优势和长处而沾沾自喜，也不因为自己的劣势和短处而妄自菲薄，这样才能真正展开人生的高姿态，让人生获得腾飞。

杰米一直都很喜欢创作，尤其崇拜一个叫亨利的作者。亨利是一个非常高产的作者，不但博学多才，而且文风多变，几乎随便打开一本杂志都能看到亨利的名字。杰米就这样以亨利为榜样，也正式踏上了文学创作的道路。他利用一切可以创作的时间笔不辍耕，渐渐地，他的作品也开始以豆腐块的形式发表。然而，几年之后，杰米沮丧地发现亨利的作品越来越多，而自己想要赶上亨利，简直是不可能。

亨利涉及的面太广博了，他上知天文，下知地理，从未有能够难倒他的话题，他总是这样无所不通，也渐渐地让杰米对于自己的奋斗信心全无。就这样，已经在文学道路上小有成就的杰米彻底放弃了文学梦想，转而专心致志地当一名卡车司机。有一次，在运输途中经过高速公路的服务站，杰米吃完午饭休息时百无聊赖打开杂志，又看到了亨利的名字。杰米突然脑中灵光一动：既然我这么崇拜亨利，为何不认识认识亨利是一个怎样的人呢？亨利又为何能够如同神一般地存在呢？杰米想到就当即去行动，跑完这趟长途，他马上托人去杂志社打听亨利。结果让杰米大吃一惊，因为杂志社的编辑告诉杰米：根本没有亨利这个人，而是大多数杂志社都把无名的作者以亨利为署名。杰米觉得难过极了：打倒我的不是任何人，是我的自

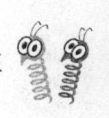

卑和胆怯,也是我的盲目退缩。

如果杰米能够坚持自我,相信自己只要不遗余力就一定能在文学创作的道路上有所成就,那么日久天长,杰米一定会在文学的道路上有更好的发展,也就不会因为这样无知的事情而导致自己变得被动,甚至彻底放弃人生梦想了。人,不应该被不知名的对手打倒。当类似的情况发生时,人实际上是被自己打倒了。每个人都应该充满自信,也要坚持告诉自己"我是最棒的",才能最大限度打开心扉,也给予人生截然不同的发展和表现。

一个人唯有自尊、自立、自爱,才能博得他人的尊重、热爱。没有人与生俱来能够成功,在面对人生的坎坷与挫折,当对自己产生怀疑和质疑时,人应该更加努力,从而让人生收获更多的幸福和美好。如果你不是一名销售人员,也没有机会在管理者的组织下每天呼喊"我是最棒的"的口号,不如在每天清晨起床时更加用心地激励自己,这样一定能够最大限度激发自身的能量,也让人生拥有与众不同的发展和未来。

天赋是命运给的,努力是自己给的

很多人觉得自己缺乏天赋,在某些方面并不占特殊的优势,因而总是妄自菲薄,也自轻自贱。殊不知,命运总是公平的，每个人都是被上帝咬过一口的苹果，既有优势，也有劣势，因为在面对自己的缺点时，我们更要端正心态，牢记：我不比任何人差，我有自己的优势和长处。尤其是面对他人有而自己没有的天赋时，更不要觉得自己是不值一提的，因为与此同时，你也一定有他人所没有的天赋。

和天赋相比，努力显然是更重要的。细心的人会发现，古往今来，每一个成功者也许缺乏天赋，但是他们都非常勤奋和努力。尤其是对于自觉愚钝也缺乏天赋的人，努力就显得更加重要。所谓笨鸟先飞，当其他人因为天赋而在某些方面拥有优势，对于我们而言，最好的做法就是提前努力，未雨绸缪，这样才能够在努力之后占据先机，收获更早更多。

很多人都喜欢好莱坞的硬汉代表人物之一施瓦辛格，也对施瓦辛格健美而强壮的、充满力与美的身材垂涎欲滴。殊不知，施瓦辛格刚刚出道时身材瘦削，根本不符合硬汉的标准。后来，为了锻炼身材，进军好莱坞，他下定决心举重，几乎每个星期至少要去健身馆三次，而且每个留在家里的夜晚，他更是加大力度，锻炼几个小时，直到气喘吁吁、用尽全力为止。

后来，施瓦辛格在健身比赛中脱颖而出，成为健美先生。由此，施瓦辛格的名气越来越大，也被众人所熟知，后来成了大名鼎鼎的好莱坞演员，一举成名，也收获了极高的票房。

如果不努力，天赋平平的施瓦辛格根本不可能成为好莱坞巨星，也不可能通过演绎的道路改变自己的命运。现实生活

中，很多人对于自己的命运感到不满意，由此而怨声载道。殊不知，和天赋相比，努力是更重要的。天赋是命运给的，而努力恰恰是改变命运的唯一方式。

现实生活中，有很多人都有天赋，而且才华横溢，仅从天赋的角度来看，他们的确是有可能成功的，而且他们自身也因为天赋而沾沾自喜。但是实际上随着人生不断向前推进，他们最终发现自己的命运根本没有任何改观，反而那些没有天赋、表现平平的人，在人生之中不懈努力，最终获得了令人瞩目的成就。这到底是为什么呢？归根结底，有天赋的人总是自视甚高，也盲目乐观，导致变得非常懒惰，也觉得自己在天赋的支撑下一定能够获得成功，所以情不自禁就变得懈怠了。相反，那些缺乏天赋的人则怀着笨鸟先飞的态度，努力提升和完善自我，因而距离人生目标越来越近，最终获得了成功，由此可见，有天赋而没有努力的态度，天赋就会荒废；缺乏天赋而坚持努力，人生就会彻底改变，收获更多。

忠于自我，活成你自己就好

曾经深陷"假唱风波"的大张伟在《吐槽大会》上对于别人对自己的争议轻松回应道："那都不是事儿，我们最重要的一点就是要学会面对恐惧。将生活过成段子，才是这个世界原有的样子。"末了,大张伟又补充道:"如果你指望这个世界上所有的人都能够理解你,那你想想,你自己该普通成什么样子?我并没有觉得像一个多么老成的人有多好,也没有觉得像一个幼稚的小孩有多好,我只是觉得我们应该像我这样,忠于自我,活成你自己就好了。"

从来没有想过,看似嘻嘻哈哈的大张伟会说出这么颇具哲理的话语,而这应该也是越来越多年轻人喜欢他的原因吧。就像何炅曾经对他的评价:"你以为大张伟是个老司机,其实他是个老干部。"确实,面对人生中的很多事情,我们慢慢学会并习惯了用边沮丧边积极的态度平和对待。我们也越来越明白:人生中的很多你所认为的理所当然,其实都只是自己的一厢情愿,其实,这世上,并没有人有义务必须要去懂你。即便是你身边最亲密的爱人、家人和朋友,也没有义务必须要去懂你。

曾经,有一个女性朋友经常跟我抱怨她男朋友的不贴心和粗线条。在听多了她的抱怨之后,我问她:"既然觉得忍受不了为什么不选择分手呢?既然不想分手,为什么不直接告诉他你需要什么呢?"女性朋友委屈地说道:"他是我男朋友啊,他就应该知道我的喜好,懂我想要的是什么呀?"我黑着脸继续问她:"那你父母知道你喜欢什么,讨厌什么吗?会知道你什么时候想吃冰淇淋而不是烤鸡翅吗?"姑娘一脸不屑地回我:"我爸妈不一定知道,但是男朋友跟爸妈不一样啊,如果

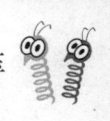

我爸妈什么都知道的话,我还要找他当我男友干吗呢?"姑娘的回答让我陷入思考。

这看似很有道理的逻辑实则经不起任何的推敲。或许,就犹如在孩子的眼中,父母能够懂得自己是天经地义的事情。对于爱人,我们也总是觉得对方的理解和懂得是理所当然。但其实,是我们自己为这单纯的爱附加上了太多的条件和理所当然,例如懂得。我们总是想当然地觉得既然相爱就应该足够懂得,实则,相爱到一定程度,互相有了足够的了解的确能够达到这样的默契程度。但是在一切还没有水到渠成之前,想要收获,就应该有所付出。只有坦诚以待,互相沟通,愿意给对方了解你的机会,愿意付出互相沟通的时间才能够有机会被了解,被认可。

因为不被理解而产生的失落感,因为不被认可而产生的沮丧感,抑或因为不被支持而产生的挫败感是我们每个人都不想经历或拥有的。但其实,作为独立的个体,我们有着各自不同的经历,形成了不同的三观和立场,因而对同一件事情有着相同或相反的态度,这不是一件很正常的事情吗?既然如此,我们又有何能力、何种资格去要求别人一定要理解你、包容你呢?每个人都希望被理解,被认可与赞同。但如果每个人都是同一种思想,同一个声音,又何来我们丰富多彩的现实世界呢?人生不正是因为和而不同才更精彩吗?就像以前看到过这样一段实话:每个人都希望自己处在兼容并包的思想氛围中,

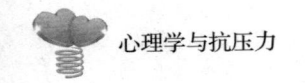

每个人都希望有民主的声音，可真到了自己身上，连隔壁邻居的消费观念不同都会看不惯，关起门来就会评论一番。

希望你能够明白：宇宙很大，世界很忙。所谓有一千个读者，就有一千个哈姆雷特。面对同一件事情，我们可以有很多角度和方法，也可以有不同的见解和认知。而这，也正是我们为之奋斗了数千年才争取到的自由和权利。因此，不要总是以为，别人就应该有着和你一样的思想与行动。这世上的很多事情都是各有各的道理，只是你入戏太深，太过执拗，所有你认为对的那一方，就一定是对的。而等你越尽千帆，有所经历以后，你会发现曾经的自己是多么的天真与可笑。实则，请你牢记：这世上，没有人有义务去懂你。坚定地做好自己，才能拥有真正属于自己的美好人生。

第8章
改掉拖延，不良生活习惯会引发精神压力

你是否有拖延的习惯？每天总是感觉做事没状态，想把事情拖到明天去做，而且这样的状态会一直持续下去，每天都变得拖延，完全不想干活。明明知道拖延不好，但就是控制不住自己。所以，必须改掉拖延的习惯，因为不良生活习惯会引发精神压力。

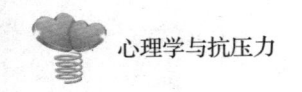

拖延症让你身心疲惫

我们都知道,在任何一个城市,最忙碌的也许就是上班族,上班、下班、家庭、聚会……好像什么都必须参与,时间总是不够用,青春也在这样的忙碌中渐渐流逝,我们感到身心俱疲,每到周末的时候,我们甚至希望可以一睡不醒。周一早上,我们还是拖着疲惫的身体来到办公室,硬着头皮做着我们不想做的工作,然而,糟糕的状态下,我们只想拖延时间,然而,我们分内的工作,怎样也逃避不了,于是,我们更加郁闷,带着这样的情绪工作,我们怎么可能会提高工作效率?

拖延就像一颗毒瘤一样长在我们的心里,一旦行为拖延,我们也会随之陷入糟糕的状态。不知你是否有这样的苦恼:你原本只是想发个邮件,但是当你一打开电脑,就发现浏览器上跳出来很多美女图片、八卦新闻、购物信息等,网页一个个地点开来看,不知不觉时间就过去了,半个小时,一个小时,两个小时……虽然事后懊悔不已,但每次还是无法摆脱拖延的毛病。对此,该怎么办呢?

事实上,任何一个成功的职场管理者,都是善于管理自己的情绪和行为,并且拥有良好的精气神状态的,他们总是能做到自信满满、充满热忱地工作。的确,细心的你可能也会发

现，对于同一年参加工作的上班族而言，若干年后各自会有不同的境遇，有些人会飞黄腾达，有些人还是原地踏步甚至是平行职位跳槽。在世界范围，所有的上班族所遇到的问题都是一样的。然而，我们要想拥有好的工作状态，第一步就要从克服拖延症开始，高效率工作的第一步就是我们要有紧急意识。

我们先来看看中层管理者皮特是怎么工作的：

皮特是一家公关公司的市场部经理，他来这家公司工作时间不长，只有三年，但却从一名市场专员晋升到经理，他的工作能力和效率确实是有目共睹的。在公司的年会上，他总结自己的工作经验时说："我们是专业的公关人士，对我们最重要的是什么，是效率！我们的客户最重视的也是时间。所以，任何时候，我们都要有紧迫感。我建议大家。工作中，能电话解决的问题就尽量不面谈；能自己解决的问题就不要兴师动众地开会；能立即做的事情就不对坐闲扯；能当面交代的事不行文下达。大家看，为了能节省时间，我现在已经搬到办公室附近的地方住了……"

这里，皮特就是个执行力强的人，值得上班族学习。据专家考证，一般上班族每天真正在上班时达到忘我境界的时间往往只有两小时。而原因之一就是我们常常做事没有紧迫感，要么等到最后时限才紧赶慢赶，要么坐等下班。在现如今飞速发展的时代，时间就是金钱，时间就是生命。没有哪位上司喜欢怠慢的员工，工作效率是企业的生存之本，也是员工在企业中

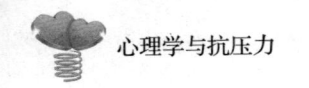

发展之本。工作时我们要禁忌怠慢心理，优哉游哉的心境适合逛商场，而不是职场。

那么，我们该如何调节自己的工作状态，以防止拖延造成身心疲惫呢？

1. 制订计划，按计划做事

每日为自己制订一个工作计划，做一个工作列表，把每日需要做的具体工作按照轻重缓急排列，另外相似的工作最好排在一起，便于思维，先处理紧急的工作，再处理重要的工作，最后处理简单、缓慢的工作。制订工作计划，每日的工作才有方向，才不走冤枉路，马装车好不如方向对，没有方向瞎忙活，再努力也是枉然。

2. 集中精力

工作时一定要集中精力，全身心的投入，避免分心。要学会集中精力做一件事，而且是做好这件事。工作切忌三心二意，否则只会捡了芝麻丢了西瓜，甚至哪件事都做不好，让别人否定你的能力。

3. 简化工作

将简单的东西复杂化不是本事，将复杂的东西简单化才是能耐。当工作像山一样堆在面前时，不要硬着头皮干，那样根本做不好。首要的任务就是将工作简化，当面前的大山被你简化成小山丘，你会豁然开朗，达到了事半功倍的效果。

4. 使用辅助工具

现代社会，办公室工作早已脱离了纸笔，会工作的人都擅长运用一些辅助工具，如电脑、手机等，简单的电脑办公软件有Word、Excel、PPT等，帮助我们编辑文件、分析统计数据等功能，有的公司还会使用财务软件、库存软材等，我们还可以使用手机的记事本、闹钟、提醒、计算机等功能，帮助我们记录、提醒重要事件。

5. 经常充电

多学习知识，尤其是专业知识，只有不断更新知识，不断学习，才能更有效地应对日新月异的职场问题，处理高难度工作，才能比别人更优秀，才能提高工作的应对能力，比别人更有效率。

6. 保证睡眠

保证充足的睡眠，不仅能恢复当天体力，还能为第二天提供充沛的精力。睡眠在人的生活中占据相当重要的地位，在一天的24小时中，睡眠至少占1/3的时间，可见睡眠是不能应付的。只有身体、大脑得到充分的休息，我们才有旺盛的精力投入到工作中，才能提高工作效率。

7. 劳逸结合，会休息才会工作

不能一味地埋头工作，就像老牛拉犁一样，人的体能是有限的，大脑也是需要休息的，超负荷的工作只能降低工作效率，产生事倍功半的结果。不会休息就不会工作，适当地放松

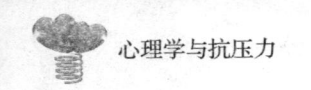

下，工作之间站起来活动15分钟、喝杯水、听听音乐都可以让身心放松下来。工作时要为自己保留弹性工作时间。

8. 平衡工作和家庭

我们除了要工作外，还要照顾家庭。对此，我们要做到平衡处理。

第一，工作和家庭生活要划清界限。对家人做出承诺后，一定要做到，但是希望其他时间得到谅解。制定较低的期望值以免造成失望。

第二，学会忙中偷闲。不要一投入工作就忽视了家人，有时10分钟的体贴比10小时的陪伴更受用。

第三，学会利用时间碎片。例如，家人没起床的时候，你可以利用这段空闲时间去做你的工作。

注重有质量的时间——时间不是每一分钟都是一样的，有时需要全神贯注，有时坐在旁边上网就可以了。要记得家人平时为你牺牲很多，度假、周末是你补偿的机会。

总之，我们若想精力充沛地工作，就要改变现在的工作习惯，就要有时间意识，拖延、虚度光阴连工作都做不好更谈不上效率，没有人会赏识这种人。当然，我们还要懂得劳逸结合、平衡好工作和生活，以防止过重的工作负担压垮我们。

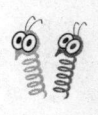

拖延症让你滞足不前

我们都知道,很多机器的运行都需要动力的推动作用,如火箭升天、汽车的行驶等,我们日常的工作和生活也是如此。不知你是否思考过这样的问题:我为什么要工作?为什么要干事业?大部分的回答是养家糊口、供养家庭,也有一些人提出了更高层面的意义:实现自身价值。很明显,这都是我们工作的动力。

那么,一个人如果缺乏动力呢?不难想象,这是一个不思进取的人的状态。他来到企业就是为了坐等下班,就是为了领取每月的薪水,工作中上级交代的任务,他一再拖延,因为在他看来,今天完成和明天完成没有分别。当你问他有什么梦想和目标时,他的回答是:"目标和理想能当饭吃吗?"这是一种很糟糕的人生和工作态度。我们也不难想象,缺乏工作动力的人会有什么大的成就。

那些拖延者之所以没有大的成就,就是因为他太容易满足而不思进取,他一生都在拖延,他们参与工作只是挣取足够温饱的薪金。要知道,不甘于优秀,超越优秀,成为卓越者,我们可以把事情做到最好。

据社会学专家预测,未来的社会将变成一个复杂的、充满不确定性的高风险社会,如果人类自由行动的能力总在不断增强的话,那么不确定性也会不断增大。生活中的人们,你应该

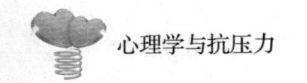

意识到，各种变化已经在你身边悄然出现，勇敢地投身其中的人也越来越多，如果你不积极行动起来、缺乏竞争意识和忧患意识，安于现状、不思进取，如果你还没被惊醒的话，就会被时代所抛弃，被那些敢于冒险的人远远甩在后面。

在我们的身边，我们也常常听到一些庸庸碌碌的人感叹命运的不好，他们总习惯于把自己的艰难归咎于命运，事实上，世上真正的救世主不是别人，而是你自己。你完全可以摆脱各种消极的想法，成为一个积极向上的人，在工作中培养自己的热忱，找到自己的目标，那么，你就能为现在的自己做一个准确的定位。

一家外企人力资源主管乔治的一次经历，或许可以给我们一些启示：

我刚应聘到这家公司供职时，曾接受过一次别开生面的强化训练。

那是在青岛的海滨度假村，我和同伴们沉浸在飘忽而又幽婉的轻音乐里，指导老师发给每人一张16开的白纸和一支圆珠笔。这时，主训师已在一面书写板上画了一个大大的心形图案，并在图案里面写上了三个字：我无法……

然后，要求每个成员在自己画好的心形图案里至少写出三句"我无法做到的……我无法实现的……我无法完成的……"，再反复大声地读给自己、读给周围的伙伴们听。

我很快写出三条：

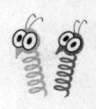

我无法孝敬年迈的父母!

我无法实现梦寐以求的人生理想!

我无法兑现诸多美好愿望!

接着,我就大声地读了起来,越读越无奈,越读越悲哀,越读越迷茫……在已变得有些苍凉的音乐里,我竟倍感压抑和委屈,眼睛模糊起来。

就在这时,主训师却把写字板上的"我无法"改成了"我不要",并要求每位成员把自己原来所有的"我无法"三个字画掉,全改成"我不要",继续读。

于是,我又接着反复地读下去:

我不要孝敬年迈的父母!

我不要实现梦寐以求的人生理想!

我不要兑现诸多美好的愿望!

结果,越读越别扭,越读越不对劲儿,越读越感到自责和警醒……

在轰然响起的《命运交响曲》里,我终于觉悟到:我原来所谓的许多"我无法……"其实是自己"不要"啊!

而此时,主训师又把"我不要"改成了"我一定要",同样要求每位成员把各自的所有"我不要"三个字画掉,全改成"我一定要",继续读。

我一定要孝敬年迈的父母!

我一定要实现梦寐以求的人生理想!

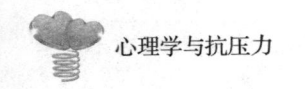

我一定要兑现诸多美好愿望!

我越读越起劲儿,越读越振奋,越读越有一种顿悟后的紧迫感……在悠然响起的激荡人心的歌曲里,我豪情满怀,忽然有一种天高路远跃跃欲试的感觉和欲望。

真正改变人生的,往往就是我们的态度。不思进取,最后也只能平庸。

英国新闻界的风云人物,伦敦《泰晤士报》的老板来斯乐辅爵士,在刚进入该报社时,就不满足于90英镑周薪的待遇。经过不懈的努力,当《每日邮报》已为他所拥有的时候,他又把拥有《泰晤士报》作为自己的努力方向,最后他终于猎狩到他的目标。

来斯乐辅一直看不起生平无大志的人,他曾对一个服务刚满3个月的助理编辑说:"你满意你现在的职位吗?你满足你现在每周50英镑的周薪吗?"当那位职员答复已觉得满意的时候,他马上把他开除,并很失望地说:"你应了解,我不希望我的手下对每周50英镑的薪金就感到满足,并为此放弃自己的追求。"

在我们工作的周围,为什么有些人受人敬重,有些人却被人看不起?前者是因为他们有野心,凡事努力;而后者,他们得过且过,总是拖拖拉拉,即使掉在队伍后面,也不奋起直追,这就注定了后者无法成大事。有野心,是一种积极向上的心态,它为所有人创造了一种前进的动力。在很多时候,成功的主要障碍不是能力的大小,而是我们的心态。

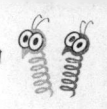

总之，我们每个人都应该明白，最大的危险不在于别人，而在于自身。如果你总是意志消沉、不思进取，那么，即使曾经的你有再大的雄心和勇气，也会被抹杀，你最终也会滞足不前，一生碌碌无为。我们绝不能甘于平庸，为自己的人生负责，做与众不同的人，你才有可能触及理想与幸福。

别找借口了，你就是在拖延

对于那些拖延者来说，也许他们最喜欢做的事，就是对监督自己的人"解释"自己为什么没有完成任务，也就是找借口，这些借口名目繁多，例如，假期结束前，你需要交一篇论文，但整个假期，你一想要写论文就心烦，你认为明天的精神状态应该会好些，于是，你不断地拖延，等了好多个"明天"，直到最后，你也没写出来。于是，交论文的时候，你想想你会对你的指导老师说这样的话吗——"原来我准备精力充沛的时候再去写，但是好像我从来都没有精力充沛过。"估计只有智力不足的人才会这样解释。你真正给老师的借口可能是："我本来写好了的，但是被狗狗撕坏了。""我用笔记本写的，但是却忘记保存了，最后因为停电丢失了。"看，我们给他人的解释与自己内心的解释很明显是不同的。

可见，拖延很容易让人陷入口是心非的陷阱中，当然，别

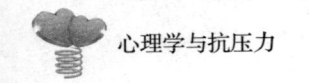

人也十分精明，也未必不能看出我们的借口。也就是说，很多时候，借口只是我们在自欺欺人而已。之所以这样说，有以下两方面原因。

1.你因拖延而产生的后果并不会因为借口而发生改变

在做某件事的过程中，经常会出现一些"状况"，在拖延者看来，这些障碍就是阻止他们完成任务的借口，他们最终拖延了任务的提交时间，但他们却不反省，也不认为是自己的责任，反而义正词严地认为如果没有这些障碍，自己可以做得很好。

然而，这些借口真的能为你免除责任吗？那些从来都准时上下班、顺利完成任务的人难道就没有遇到过障碍吗？在他们看来，无法完成任务几乎是不可能的事，如果在某一方面他们做得不够好的时候，他们也会寻找自身的原因，而不是找借口。

心理学家经过分析发现一个惊人的事实，很多人并不认为自身是拖延和失败的根源，反而认为是失败导致了自身问题的存在。

例如，"如果我不是这么害羞，我相信会有人喜欢我的，交朋友对于我来说实在是一件困难的事情。"再如，"不是我的错，我没有做成这件事，是因为其他事妨碍了我。"很明显，这些借口都是人们对自己的束缚，更是他们强加到自己身上的。

2.拖延只会导致失败

任何一个踏实工作的人从不给自己找借口推延,即便没有完成任务也不会,因为他们知道上司要的是结果,而不是你再三解释的原因。我们也要做到坚决、无条件地执行。而无论在任何情况下,拖延只会导致失败。

在商场上,买卖双方谈判一宗上千万元的大生意。这时候你能拖延吗?时间就是金钱!你的一点点拖延都会让对方产生不信任之感,犹豫之中,你赚钱的机会就会溜走。

在考场上,面对题目繁杂的试卷,你能拖延吗?时间就是分数!你的拖延很可能使自己无法按时答完试卷。慌忙之中,你乱了阵脚,看错题,来不及做题,思路混乱,不能发挥自己的正常水平。于是乎,本应是状元的你落榜了。

在职场上,面对一项项富有挑战的工作,你能拖延吗?时间就是机遇!你的一点点拖延可能会耽误整个公司的流程,丧失最佳竞争时机,而你也失去了成功的机遇。

可见,拖延的坏毛病是绝对要不得的!实际生活中,每天还是有那么多人在浪费着自己的生命。无数事实证明,如果你想成功或成为你理想中的人,最好的办法就是绝不拖延,立即行动!光"说"不"练"肯定不行,这就要求我们平时就要养成立即行动的习惯;一旦发生了紧急事件,或者当机会来临时,能做出强有力的反应。同时,当我们对事情有种想法时,一定要设定完成期限,并告诫自己是无法变更的,这样一来,

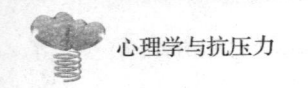

你就没有再拖延的借口。

生活中，太多的故事都揭示了拖延是如何起作用及最终的结果——它会像癌细胞一样逐步扩散，直至吞噬整个生命。你每次拖延所产生的负面能量会一点一滴地积累起来，最后，和持续改善一样，它会以水滴石穿般的威力严重影响你的自信、自尊、自爱，最终使你彻底崩溃。

当然，这一危机意识是需要你自己去感悟的。你也需要从反面来感悟立即行动带来的快乐。

其实，方法只是一种帮助你消除拖延的辅助手段，最主要的还是取决于你的思想和态度。只要你端正态度，让绝不拖延深入内心，即便不用任何方法，你也能消除拖延。选择权掌握在你手中！

全力奔赴未来，谁能阻挡你的脚步

记得有一首歌里唱道"跟我走吧，现在就出发，梦已经醒来……"写到这里，脑海中会响起熟悉的旋律。现实生活中，很多人都羡慕身边有人能够来一场说走就走的旅行，而自己却始终被困在原地，无法成功地表现自身的风采，展示自己的洒脱。实际上，困住你的不是外界的人和事，而是你的内心。如果你能够全力以赴奔向未来，又有谁能阻挡你的脚步呢？

人总是渴望和憧憬着美好的未来，但是又因为趋利避害的本能，导致常常在有了美好的想法之后，又安于现状，不愿意当机立断展开行动，去实现梦想。对于每个人而言，一定要全力以赴实现梦想，才能在人生的道路上砥砺前行。否则，再大的热情和激情，都会被拖延消耗殆尽。古往今来，每一个成功者都有成功的理由，但是在成功的各种理由中，从未有拖延的存在。拖延，只会导致错失良机，导致原本可以取得好结果的事情变得被动，陷入无奈，甚至变得越来越糟糕。所以更重要的在于即刻出发，这样才能抓住宝贵的青春时光，有的放矢地改变人生和命运。

作为大学的同学、如今的同事，莎莎和思思对于人生完全是截然不同的态度。莎莎总是坚持做最好的自己，她主动提升自己，利用业余时间学习各种知识，参加培训班。但是思思呢，真是人不如其名，思思甚至连思考都懒得进行，她的口号是"做最舒服的自己"。可想而知，现代社会，各行各业都在飞速发展，不管从事什么工作，如果贪图安逸和享受，是不可能坚持进步的。才进入公司一年多，思思和莎莎就完全不在一个水平线上。

每当报社里有了好的选题或者艰巨的采访任务，主编都会安排给莎莎去做，而思思只能给莎莎打打下手，还非常懒惰，眼里没活。就这样，三年的时间过去了，莎莎已经成为报社里的精英和骨干，而思思依然原地踏步，甚至还面临下岗的危机。

在成长的过程中，你把心思用在哪里，就会在哪里得到回报，你把时间用在哪里，哪里就会开花结果。很多时候，年轻人常常抱怨自己运气不好，却从未想过那些看似幸运的成功者，在成功之前，在成功背后，到底付出了怎样的辛苦和努力。任何时候，都不要把自己看得太重，只有俯下身体去脚踏实地地努力进取，你才能得到命运最慷慨的馈赠。此外，也不要对于人生有太多不切实际的渴望，归根结底，人生从来没有一蹴而就的成功，唯有不忘初心，砥砺前行，才能得到生活最佳的回馈。

当你身边有很多人都在奔跑，光阴更是如同射出去的箭一样一去不返，你还能停留在原地不动吗？有的时候，一个环节落后于人，都需要花费更多的辛苦和努力才能追赶上来，如果在关键环节落后于人，甚至人生都会受到影响。人生，的确是有起跑线的，既然出生的起跑线我们没有办法选择，就要不遗余力地经营好日后的人生。记住，生命从来不是一个短暂的过程，唯有拼尽全力，竭尽所能，这才是对生命更加负责任的态度。

尤其是在面对人生的艰难困苦时，更不要轻易放弃。常言道，困难像弹簧，你强它就弱，你弱它就强。所以不管任何时候，我们都要勇敢面对人生的难题，也要竭尽所能在成长的道路上不断地努力进取，坚持不懈地奋斗。记住，宝剑锋从磨砺出，梅花香自苦寒来，你所认为的别人的好运气，都是他们长期坚持才得到的。当你每时每刻都在做准备，全力以赴经营好人生，你会发现一切的成长都水到渠成。

何时开始努力呢？有人总说从下一刻再开始努力，然后不断拖延下去。实际上，人生是经不起拖延的，哪怕你此刻正年轻，也以年轻为资本，也必须非常珍惜时间，抓住分秒的时间去努力。古人云，明日复明日，明日何其多，我生待明日，万事成蹉跎。记住，纵然人生有无数个明天值得期待，如果你不能把握当下，过好每一个今天，那么所谓的明天就很堪忧。在人生之中，看似有无数个日日夜夜，实际上只有短暂的三天时间，那就是昨天、今天和明天。今天，正是昨天和明天中起到联结作用的一天。要想拥有无悔的昨天，我们就要把握好每一个今天，因为随着时间的流逝，所有的今天都会变成昨天。要想拥有美好的、值得期待的明天，我们同样要过好今天，因为今天是明日的基础，唯有在今天为明天的到来进行全方位铺垫，也让明天更加值得期待，明天才会如约到来，也带给我们梦想中的惊喜。总而言之，从现在开始就展开行动，一分一秒也不要耽误，你才能抓住幸福。

戒掉拖延，珍惜人生光阴

现代社会，很多人动辄就会以"拖延癌晚期患者"自称，由此可见，大家都已经意识到拖延对于人生的负面作用，只是还没有完全下定决心要戒除拖延而已。磨蹭、拖拉，或者磨磨唧唧，这些坏的行为变成了习惯，就叫拖延。从这个意义上来看，拖延也不是朝夕之间形成的，为此我们要学会对拖延防患于未然，也要学会戒掉拖延，珍惜人生的光阴。

　　好习惯的形成至少需要21天的时间，而且这还是速成法的作用下。但是坏习惯的养成却是很迅速的，要想戒掉会很难。为此我们要想养成好习惯，就要当机立断去做，要想戒掉坏习惯，也要当机立断就对自己痛下狠手，而不要追求短暂的安逸舒适，就放纵自己的坏习惯。否则，当坏习惯越来越根深蒂固，我们要想改掉坏习惯、形成好习惯，就会难上加难。

　　古人云，一寸光阴一寸金，寸金难买寸光阴。一个人如果想在生命的历程中做出伟大的成就，就一定要有一种成本，那就是时间的成本。也正如人们常说的，健康的身体是1，其他的一切都是1后面的0。如果没有1的存在，而只有0，那么0就是毫无意义的。健康的身体就是生命延续的保证，就是时间的载体，如果没有健康的身体，时间就会马上消失；要想主宰时间，我们也要有健康的身体，这样才能在时间的长河里穿行。古往今来，有很多伟大的成功人士都是非常珍惜时间的，他们总是争分夺秒，对于想到的事情就当机立断去做，而绝不拖延，更不会白白地浪费了宝贵的时间，失去千载难逢的好机会。

　　每一个将领都知道，在战场上，好的战机转瞬即逝，如果不能抓住时机主动出击，就会陷入被动之中，甚至影响整个战

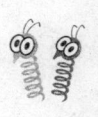

争的结局。明智的人会最大限度审时度势，从而争取把握住每一个好时机，充实和提升自己，让人生变得与众不同。如今，我们生活在和平年代，但是商场如战场，即使是在职场上与人竞争，或者是在商场上与对手拼个你死我活，我们依然要瞪大眼睛，时刻保持警醒，从而把时间用在该用的地方，把所有的力量都积蓄到一个点上。很多年轻人自以为有年轻作为资本，因而总是肆意挥霍时间，殊不知，时间的流淌不知不觉，如果没有珍惜时间的意识，如果不曾主动地珍惜时间，我们很容易陷入被动的状态，也会导致生命迂回曲折，无法获得长足的进步和发展。

那么，人们到底为何拖延呢？只有明确这个问题，才能有的放矢戒掉拖延的坏习惯，也才能让我们彻底摆脱拖延的恶习，在人生中变得更加积极主动。总体而言，拖延有以下几个原因。一是当事人的性格原本就很慢，做事情总是推三阻四，在真正行动的过程中，又总是行动迟缓。二是当事人内心很恐惧，不知道去做一件事情之后会得到怎样的结果，为此他们总是因为惧怕而推辞，对于当即就可以去做的事情又放下，这样循环往复，做事情的勇气就越来越少，对于人生的渴望和热情也就越来越弱。三是当事人不知道拖延的恶果，也不知道在拖延之后要承担怎样的责任，为此就把拖延看得很轻，而不觉得拖延是多么严重和恶劣的行为。实际上，不管因为何种原因而起，拖延对于人生的作用都不是积极的，而是消极的，为此必

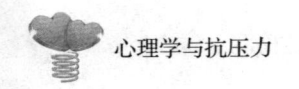

须戒掉拖延，才能让人生当机立断去展开行动，也才能让人生有更高的效率和更好的结果。

要想戒掉拖延，首先要形成时间观念。很多慢性子的人往往缺乏时间观念，为此他们在拖延的时候并不觉得自己是在拖延。当有了时间观念，对于时间的流淌有明确的意识，他们就会真正戒掉拖延，再也不因为拖延而导致很多事情都无法完成。其次，要消除内心的恐惧。正如一位心理学家所说的，恐惧本身是最可怕的，如果人们能够消除内心的恐惧，那么对于很多事情就会怀着理性的态度，从容地面对，而不会因为害怕和担忧就无限度拖延下去。最后，还要无所畏惧，承担责任。在这个社会里生活，每个人都有自己所肩负的责任，每个人对于人生也都有自己的愿景和期望。如果不能合理承担起自己应该承担的责任，而总是任由自己在拖延的过程中迷失，不断地逃避，则未来在需要当机立断做事情的时候，就会因为不知道拖延的后果而继续拖延。为此，当因为拖延而让自己陷入被动或者困窘之中时，我们一定要当机立断戒除拖延，也要全力以赴迅速高效地做好该做的事情，这才是最重要的。

拖延是人生的黑洞，总是把人生中最宝贵的时间悄无声息地吞噬。作为一个明智理性的人，我们一定要戒掉拖延，也要全力以赴做想做、该做的事情，争取把更多的事情做在前面，才能从容地应对人生，也才能让自己的生命绽放出奇异的光彩！

第9章
学会放下，压力因放下而消弭

人们的痛苦往往不在于你拥有的太少，而在于你拥有和想要拥有的东西太多。如果我们想获得真实的人生，那就学会放下。放下抱怨和执着，放下所有的人和事，我们自然会重拾，洒脱与快乐。

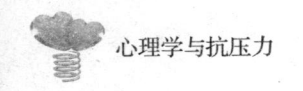

学会做减法，才能真正解放心灵

不得不说，生活很残酷，为了在这个世界上生存，每一个人都已经拼尽全力，也都已经不堪重负。既然如此，就不要再奢望从生活中得到更多的完美，也不要怀着一颗贪心奢望自己能够一口吃成胖子。生活，从来不会让我们顺遂如意，在让无数人纠结的关于得失的问题上，生活也总是给出让人诧异的回答。所以面对命运的反复无常和残酷无情，我们必须学会放下，才能真正得到，也必须学会舍弃，才能真正解放自己的心灵。

很久以前，有个年轻人对于生活不满意，内心倍感压抑和沉重。有一段时间，他甚至因为不堪重负而萌生出家的念头，为此，他去山里和住持说出了自己的想法。住持什么都没有说，而是给了年轻人一个背篓，又安排年轻人："你去后面的山上去吧，那里有很多漂亮的石头，如果你觉得石头特别好，就把它放到背篓里。"年轻人尽管不知道住持的用意何在，还是顺从地背起背篓，开始爬山。一路上，年轻人看到很多漂亮的、奇形怪状的、有趣的石头，他都捡起来放到背篓里。一开始，他爬山还算轻松，随着越爬越高，背篓里的石头也越来越多，他不堪重负，气喘吁吁。好不容易到达山顶，年轻人看到

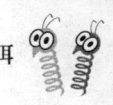

住持已经在那里等着他了。不由得抱怨："住持，这么多石头太沉重了。"住持又告诉年轻人："现在开始下山，每下一个台阶，就扔掉一块石头。"结果，下山的感受和上山截然相反，年轻人每下一个台阶就扔掉一块石头，他的背篓越来越轻，最终他背着空空的背篓很轻松地到了山下。

回到寺庙，年轻人看到住持正在寺庙的院子里等着他。看到年轻人回来，住持一语不发回到禅房打坐。年轻人不解，追问住持，住持良久才说："你已经知道如何轻松。"年轻人顿悟。

人生一程，每个人又何尝不像在爬山呢？在生活的过程中，总是看到有好的东西就收藏起来，不愿意放弃，又暂时没有什么用处，因此就背负在身上。很多细心的朋友会发现，很多老人居住的房子里，总是有很多无用的东西堆积，实际上这就是老人在一生的过程中舍不得放下的东西。最终，这些东西还是难以摆脱被丢掉的厄运，却陪伴老人一辈子，也挤占了老人生存的空间。因此，要想让人生轻松，除了要学会得到之外，更要学会舍弃，尤其是对于那些不需要的东西，更要果断地放弃，才能给人生减负，也让生活轻装上阵。

记住，不管是钱财还是权力，都是身外之物。我们固然要珍惜东西，却也要学会舍弃。这样才能不断地为人生纳入新的东西，从而让人生始终保持着新鲜和适度的背负。否则，当人生变得非常沉重，背负者也已经不堪重负、举步难行的时候，

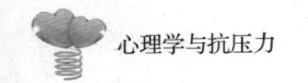

人生就会陷入困顿之中，无法自拔。记住，舍弃与得到之间原本是可以相互转化的，有的时候，舍弃就是得到，得到就是舍弃。只有一路奔忙勇敢向前，我们才能看到人生中更多的风景。

卸掉生活的重任，人生更加轻松

在鲁迅笔下，祥林嫂不但失去了丈夫，还失去了孩子，为此非常懊恼和自责，见人就说孩子被狼叼走了。一开始，人们还很同情祥林嫂，但是随着祥林嫂诉说的次数越来越多，大家都对祥林嫂感到厌倦，见到祥林嫂就躲，根本不愿意继续听祥林嫂说什么。而祥林嫂呢，始终不能放下这件事情，整个人沉浸在过去的悲痛中无法自拔，不愿意走出来，变得越来越木讷，越来越无助。

人生中，不是每件事情都会让我们欢呼雀跃，非常欣喜的。人生的常态是不如意，每个人都会遭遇挫折和坎坷，遭遇不可知的困境，此时自己的内心往往非常惶惑。尤其是在遭遇意外打击的时候，没有心理准备的我们，常常会陷入手足无措的困境之中，也会因为突如其来的伤害或者打击而变得内心沉重，无法面对一切。的确，不如意是人生的常态，伤害、打击也是人生中不可能完全避免的。在这种情况下，我们要学会放下，让人生更加轻松。过去的一切都已经过去，成为不可改变的历史，我们

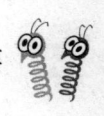

第 9 章 学会放下，压力因放下而消弭

只有立足当下，把握当下，努力向前看，才能卸下心灵的重负，有的放矢地面对人生。记住，人生从来不会一帆风顺，当遭遇各种困境的时候，我们一定要内心笃定，才能更加从容应对人生。否则心随物转，因为外界小小的风吹草动就导致在人生之中有太多的抱怨、不满等，我们的未来就会失去对于人生的各种坚持。

人生之中有三天，昨天、今天和明天。不管是失去还是得到，昨天已经成为不可改变的历史，而昨天还未到来，我们唯一能做的就是把握今天。只有过好眼下的今天，我们才能拥有充实、没有遗憾的明天，如果因为懊丧昨天而把今天也失去了，那么我们的明天还会是糟糕的。此外，今天在昨天和明天中起到承上启下的作用，如果不能笃定过好今天，那么明天也会受到影响，甚至变得很糟糕。正因为如此，才有那么多大哲人说，人必须活在当下。具体地说，当下就是今天。

大多数时候，人生中未必有那么多的大风大浪。更多的时候，我们都是世上本无事，庸人自扰之。曾经有心理学家做过一个实验，他让很多参与实验的人都在纸上写下自己的烦恼，然后再让每个人把名字也写在纸上。在写下这些忧愁的时候，人们还愁眉紧锁呢。过了一段时间，心理学家再把人们召集起来，把他们曾经写满忧愁的纸分发给他们。结果，大多数人都发现，他们所担心的事情并没有发生，也没有给他们造成任何困扰。只有少数几个人所担忧的事情真的发生了，但是事实证明，他们的担忧非但不能阻止事情发生，而且对于解决问题也

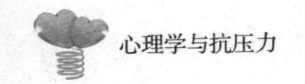

没有任何帮助。事到临头，还是要去解决问题，而不能只靠着忧愁就逃避问题的存在。最终心理学家得出结论，大多数人所担忧的事情都不会发生，极少数人所担忧的事情即使真的发生了，忧愁和焦虑也并无助于解决问题。既然如此，我们还有什么理由焦虑而烦恼呢？

人生，总是要学会放下，才能卸掉生活的重任，变得更加轻松。如果总是背负着沉重的心理负担前行，总是对于人生充满抱怨，无法全力以赴过好自己，则人生就会越来越迷惘，也会越来越困惑。

美国前任总统罗斯福家里被小偷光顾，很多贵重的东西都被小偷偷走了。友人在知道罗斯福如此倒霉，居然被偷窃之后，当即写信安慰罗斯福，劝说罗斯福不要因此影响了心情，而是要乐观面对。没想到，罗斯福对于家里遭遇窃贼的事情，尽管因为失去的那些东西而感到心疼和惋惜，却没有非常沉痛。他当即提笔回信给友人："我最最亲爱的朋友，谢谢你在百忙之中还要抽时间写信给我。我很好，毫发无损。我的家虽然遭到窃贼光临，但是我并不觉得自己有多么倒霉，反而为自己庆幸。首先，小偷只偷走了我的一部分东西，而没有偷走我的全部东西，所以我还拥有很多东西。其次，盗窃只是偷走了东西，而没有伤害我，更没有夺走我的生命。最后，感谢上帝，当小偷的人是他，而不是我，我只是被偷而已，却不曾沦落到以偷窃为生的地步。"

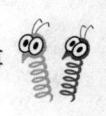

一个人非常倒霉被小偷偷了，丢失了很多贵重的东西，这种遭遇发生在谁的身上，谁都会感到非常惋惜，罗斯福也是如此。但是，罗斯福在心疼各种东西的同时，并没有扰乱自己的心，而是理性做出分析，也为自己感到庆幸，为此对于生命充满了感恩。不得不说，罗斯福的思想达到了极高的境界，所以才会如此想得开，也才会因此而对生命充满感谢。

面对这样的遭遇，罗斯福能够不大发雷霆，而是坦然面对，这是需要豁达、宽容才能做到的。在人生之中，当遭遇大的挫折时，产生各种激烈的情绪需要发泄，其实也是人的本能。但是当事情过去，回过头来想，人生原本就很短暂，再因为这些不值一提的事情而让自己陷入困顿之中，则更加得不偿失。为此，我们一定要调整好心态，化解自己的心结，消除自己的负面情绪，这样才能积极乐观地度过人生中的每一天。西方国家有句谚语，叫作不要为了打翻的牛奶而哭泣。对于已经失去的东西，对于已经发生的事情，我们都要坦然接受，也从容接纳，才能让人生不急迫，淡然轻松。

若总是顾虑重重，你无法活得轻松

生活中总是有这样的人：他们的生活似乎不是过给自己的，而是活给别人看的。因为当别人对他们指手画脚的时候，

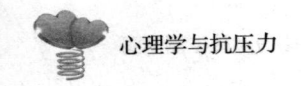

他们往往会十分在意,开始怀疑自己。他们做任何事情都要顾虑别人的眼光,凡事都想要得到别人的赞美,而一旦遭到别人的恶意批评,心里就会不自在。即便明明自己没有做错什么,却还是不断地怀疑自己。总是因为别人一句无意的话就开始情绪低落,耿耿于怀,令自己的情绪变得更加糟糕。这样的人在我们的生活中并不少见,这样的人也往往难以获得很大的成就。

美国前总统林肯和英国前首相丘吉尔都不约而同地将这样一段话视为真理:"对于所有恶意批评的言论,如果我对他们回答的时间远远超过我研究它的时间,我们恐怕就要关门大吉了。我自己将尽自己最大的努力,做自己认为是最好的,而且自己一直坚持到终点。如果证明结果我是对的,那些恶意批评便不去计较;反之,如果我是错的,那么,即便有十个天使为我辩护也是枉然啊!"人人都有发表批评意见的权利,不管对方说的是对是错,这都是我们无法阻止的。但是,隔岸观火和身临其境绝对是两个不同的概念和感受,别人的观点和批评都是以他们的立场和观点在说他们认为正确的事情。而你我都知道,这未必就是正确的。因此,面对质疑和毫无根据的批评,自己认准了就放下重重顾虑,坚定地去做就好。无怨无悔地去做,在做事的过程中坚定自我的内心,放下别人的成见带给自己的负面影响,最终的胜利一定是属于自己的。

再者,当我们的事业和前途有了很大起色的时候,当自己准备向更加辉煌的高度去迈进的时候,就免不了会受到别人的

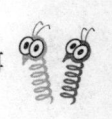

羡慕和嫉妒。这是生活的常态和真实所在，也是我们人生路上会遇到的"在所难免"，这时，只要学会放下，学会调节，学会不用自己的心情去绑架别人，消耗别人，学会一笑了之，最终就能学会避免它带给我们的负面情绪。

生活中的有些人一听到别人的批评或讥讽就勃然大怒，甚至像一头发怒的狮子一样大动干戈。但其实，这样做的结果只会中了别人的圈套，折损了自己的精力，不光对我们自己要做的事情是极大的障碍，对自己的身体也是有弊无利。因此，面对别人的讥讽和无理由的批评，我们大可不必与对方置气。学会豁达，学会放下内心的太过在意，学会淡然，就能化危机于无形，就会成为更棒的自己。

人生匆匆几十年，如果我们每天都活在别人的评价之中，最终只会逐渐丢失自我，成为一个"四不像"。只有坚定地明确自己的目标，学会放下很多外在的干扰，学会放下内心的敏感与不安，然后用尽全力向前奔跑，拼尽一切努力做事，最终才会成为真正的自己，才能真正实现自己的梦想。每每被激怒或者消极悲观的时候，请想一想自己的生活目标，想一想自己真正的追求所在。然后调整好自己的心态，告诉自己：我们的生活从不是为了别人而活，我们做事的目的也不是让自己生气，我们的人生意义更不用别人来做评价。因此，学会放下，学会淡然，学会享受生命中的一切美好，最终，人生就会变成自己的，生活就会变成快乐的。

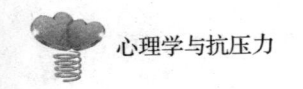

强大内心，坦然面对生活一切得失

生活的本质是什么？目的又是什么？这是一个值得我们每个人深入思考的问题。私以为，一辈子的时间看似很长，实际很短，在没有走到生命尽头以前谁也不知道明天和意外哪个先来。因此，我们不应该浪费自己宝贵的时间用于情绪处理上，更不应该用别人的错误来惩罚自己，折磨自己。我们不应为世俗的偏见来惩罚自己，更不应为自己的错误而过于难为自己。随时随地学会放下，轻松看待生活中的一切得失，会让我们更加快乐，也更加强大。

李阳今年刚刚毕业，意气风发的他准备面试心目中的理想公司。他在学校的时候可以说是品学兼优，因而对自己充满信心。面试总共分为两轮，一轮笔试再加一轮面试。李阳顺利通过了笔试，复试的时候也表现良好，便满怀信心地在家等待最后的录取结果。没想到，这家公司后来公布的录取名单里面，却没有李阳。李阳看到结果以后深感灰心，抑郁和绝望的阴影袭上心头，竟然有了轻生的念头。幸运的是，家人发现及时，将他送到医院抢救，李阳才得以捡回一条命。

然而，令人始料未及的是，不久以后，他应聘的那家大公司居然给他发来录取的消息。原来当初他的考试成绩的确是名列榜首的，只是因为在统计考分的时候，电脑系统出了故障，导致他的成绩没有记录在内。技术人员在发现了这一故障之

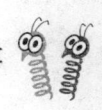

后，及时向经理室汇报做出反馈，人事部收到消息赶紧通知了李阳。李阳得知这一好消息之后兴奋不已，居然晕了过去。

李阳自杀以及喜极而晕的消息被公司的人事主管得知后，坏消息再次传来，他又被公司解聘了。原因也很简单：一个正常的人连未被录取这种小小的打击都承受不起，又怎么能指望他适应职场内高强度的工作节奏呢？指望他在公司艰苦奋斗、建功立业更是无从谈起了。

李阳虽然在考分上名列榜首，打败了所有的竞争对手，却没能打败自己那颗脆弱易受挫折的内心。李阳之所以会有这样的表现，究其根本还是得失心太重。不能正确地对待人生中的失败，对自己缺乏足够的信心，遇到一点小事就给自己施加没有必要的压力和紧张。

在我们追求成功的道路上，会有很多的阻碍。这时，如果我们颓废地选择止步不前，那么，等待我们的只能是失败。因此，在平时的工作和生活中，当我们郁闷的时候，不必悲伤地躺在床上任由失败的泪水横流，泪水会浸湿的不光是枕被，更有一颗脆弱而不堪一击的心。面对已经遇到的危机和困难，与其怨天尤人而想不开，不如放宽心态擦亮自己的眼睛，找出障碍的解决之道，重新走出一条属于自己的道路，而不是一味地跟自己过不去，更不是毫无进展地自我折磨。

如果我们是一个人，想要追求自己的幸福似乎很简单。但更多的时候，我们总是有着诸多的"身不由己"。我们有相爱的家人与朋友，我们总不会一直是孤独的存在。这时，我们的坏情绪很可能就来自我们身边的人：他们生气，我们也生气；他们郁闷，我们也不开心；他们发愁，我们也跟着愁眉不展。身边的这些亲人成了我们情绪的传感器，给我们造成了这样的感觉：想要让自己快乐，就首先得让别人快乐。其实，被动地受别人情绪的感染会让我们凡事拘泥，其实无异于自己折磨自己。我们应该学会放下，学会主动创造快乐，用自己快乐的情绪影响他人，减少大家的悲观。我们也不会白白付出，生活中快乐愉悦的气氛就是我们获得的最大馈赠。

人生在世短短几十年，想要自己生活得快乐一点，就要告诉自己学会放下，得饶人处且饶人。很多时候，与人为难，紧紧揪住别人的错误不放，为难的只会是自己。世上的烦恼千千万，实在没有必要为难自己，将所有的烦恼都装进自己的脑中。很多时候，我们总是会有"当局者迷旁观者清"的思维，当不愉快的事情发生在别人身上的时候，我们会主动劝解。但是当不愉快发生在自己身上的时候却很难冷静处理。究其根本还是没有学会放下，放下这件事情的确没有那么容易做到，它同快乐一样，其实需要我们学会历练。学会将生活中发生在自己身上的事情慢慢积累消解，长此以往，我们才会在烦恼面前练就出很好的免疫力。而学会放下之后的我们将会收获更多的幸福和快乐。

减轻生命的负担，轻装迈向人生路

有一个年轻人总是愁眉苦脸，郁郁寡欢。他的朋友看不下去问他为什么？年轻人竟喋喋不休地抱怨了许久，朋友想要开解他，便让他举起一张纸，问他："累吗？""当然不累。"年轻人满不在乎地回答道。"那就接着举半个小时吧。"朋友说道。半个小时之后，朋友问他："手臂酸吗？""有点酸。"年轻人说道。一个小时之后，朋友又问："现在如何？""手臂都麻了。"年轻人迫不及待地将手臂放下。"这就是了，只是让你举起一张白纸，半个小时过去了，手臂都会酸痛，一个小时过去，手臂都麻了，更何况是你的心呢？你的心举起了太多不该举起的东西，所以你才会累。"朋友说道。年轻人若有所思，开怀大笑。

很多时候，我们就与故事中的年轻人一样让心一直举着包袱而浑然不知。生活中，有许许多多的"纸"，分别代表着金钱、财富、名誉、荣耀等，只要是你有的执念，都可称之为你的"纸"，我们总是在不断的追求过程中将这些纸越举越高、越堆越多。

能放下是一种心态，更是一种境界。有些人年纪轻轻却聪慧过人，在"举起"与"放下"间游刃有余，有些人到中年经历了人生中的酸甜苦辣之后才有所感悟，将该放的赶紧放下，而有的人可能一生都未能明白，带着满腹的抱怨与不满而离

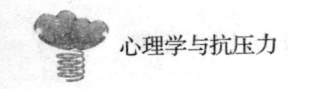

去，私以为，后者是人生生活的真正悲剧。

懂得卸下各种包袱是一种领悟，而能够卸下各种包袱则是一种能力。卸下各种包袱，是一种在经历过人生苦难之后的豁达。只有卸下了，真正的自我才得以释放，人生才真正属于你自己。

如何才能卸下各种包袱，释放真正自我呢？私以为，首先应当了解自己并清楚地知道自己适合什么，只有首先识己，最后才能识人。认识自己，清楚地知道自己的优缺点才能真正明确什么是适合自己的，什么不是，这样才能确定好自己的人生目标，选定人生目标是一件很重要的事情，它给你导向，让你明白轻与重，急与缓。其次，卸下包袱需要对名利、得失有一颗淡然的心。"卸下"并不代表着"放弃"，卸下是指轻松对待生命中的无足轻重，丢弃生命中的负累。就好比一个装满货物的气球，当燃料已然耗尽，补给不足的时候，必须将气球内不重要的货物丢弃，才能让气球继续升空飞行。人生也是如此，很多时候阻碍我们的并不是外部的客观条件，而是自我的思想包袱，放不下所谓的面子，放不下所谓的自尊，放不下所谓的骄傲。

卸下包袱，只需先卸下包袱内的一块重物，你就能品尝到轻松的快感。懂得"卸下"的人，才是真正懂得生活的人。有一个人去攀登珠穆朗玛峰，在登到8000米的高处，因为受不了稀薄的空气与极寒的天气而选择了下山，很多人问他："还有

第9章 学会放下，压力因放下而消弭

一点点就到山顶了，你就是创造世界纪录的人了，为什么要放弃呢？不觉得可惜吗？"他笑笑回答："我最清楚我自己的身体，我的身体已经到了极限，挑战不了更高，如果我只是为了不可惜而不顾自己的身体继续往上，那么，今天的我很有可能失去生命，还何谈创造世界纪录呢？"卸下在乎别人评价的包袱，听从自己的内心，做真正的自己，成为更好的自己。

卸下包袱，释放真正的自我，或许有你意想不到的收获。唐代著名诗人李白，正是卸下仕途不得志的包袱，藏起"安天下，济苍生"的理想，将自己交给大自然，后人才有了更多脍炙人口的绝美诗篇。"酒入豪肠，三分酿成月光，七分啸成剑气，大笔一挥便是半个盛唐"，豪气冲天，尽显广阔胸怀。刘淑华卸下身体残疾的包袱，卸下外界眼光的包袱，奋力拼搏，站在残奥会女子游泳的金牌领奖台上，接受全世界的掌声与祝贺。李桂林、陆建芬卸下外界各种压力的包袱，卸下内心恐惧的包袱，无所畏惧，在最寂寞的环境里，他们牵起孩子们的手，传道授业解惑，最终站在感动中国人物评选的获奖台上，接受全国人民的敬佩与祝福。

人生就像是一场旅行，在行进途中，我们总会遇到诸多困难与挫折，这些困难与挫折，就有可能演变成我们内心的包袱。适量的包袱，可以激励我们的进取之心，过量的包袱则会成为我们前进的阻力。放下包袱，减轻生命的负担，人生才能轻松出行。因此，勇敢地卸下各种包袱吧，卸下浮躁的对名

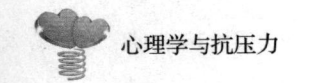

利的追逐之心，卸下烦扰着的家长里短，卸下生活与工作的压力，卸下杞人忧天的忧思，卸下一切你该卸下的，还生活欢声笑语，还生活轻松清静，还自己一片心灵的净土和一方恬静的家园！

第 10 章
职场减压,给自己一个放松的工作环境

面对职场上的许多人和事,如繁重的工作,复杂的人际关系,许多人都承受着一定的压力。当一个人积累了太多的压力时,假如不能得到及时调节和缓解,那将会对身体的健康造成很大的伤害。

心理学与抗压力

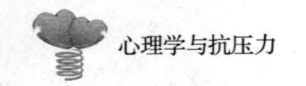

找准工作方法，缓解职场压力

卡耐基说："良好的工作习惯可以令人有效率地工作，自然可以减轻一个人的疲惫感，当然也可以帮助人们消除内心的忧虑。"有这样一句俄罗斯谚语："巧干能捕雄狮，蛮干难捉蟋蟀。"这句话道出一个普遍的真理，即做事需要讲究方法，巧干胜于蛮干。埋头做事是好事，但如果你使用了错误的方法，只会让事情越来越忙，自己的压力也越来越大。生活中，没有一成不变的事情，处理不同的情况，需要我们因时因地制宜，采取不同的对策。所以，在做事情的时候，需要一种求实的态度和科学的精神，在任何情况下都要按科学规律办事，找准方法，这才是缓解压力的诀窍之一。

里昂多年以来一直担任西蒙出版公司的高层主管，目前是纽约州纽约市洛克菲勒中心袖珍图书公司的董事长。

在过去15年里，里昂每天都需要把一半的时间用来开会和讨论问题，比如这个问题应该这样干，还是那样做？或者这个问题根本不用理会。这时里昂都会表现得异常紧张，坐立不安，在房间里走来走去，与下属讨论，不停地争辩，一个会议甚至可以开到晚上，散会时，里昂总是感到筋疲力尽。

在这样的日子重复很多年之后，里昂以为他这一辈子都会

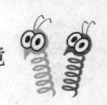

这样，不过，他也在想，或许会有更好的办法。在这之前，如果有人告诉里昂，减少四分之三的会议时间，可以消除四分之三的紧张感，那里昂会觉得这个人真是盲目的乐观主义者。不过，在经过了很长时间的摸索之后，里昂觉得，这真的可以，对此，里昂是怎么做的呢？

第一，里昂马上停止了那套15年来会议中一直使用的程序。例如，在以前，里昂会跟那些同事先报告一遍问题的细节，最后再询问"我们该怎么办呢？"

第二，里昂订下了一条新的规矩，任何人想要问他问题，必须事前准备好一份书面报告，并准备三个问题：

1. 到底是出了什么问题

在过去，这种会议一般都要开一两个小时，但是大家还弄不清楚真正的问题在哪里，大家经常是开始讨论问题，却不愿意提前写出来所讨论的问题究竟是什么。

2. 是什么导致了问题的出现

回想了过去的会议，里昂惊奇地发现，虽然在这种会议上浪费的时间很多，但最后都没有找出是什么导致了这个问题的出现，也就是说，这个会议根本没有达到预期的效果。

3. 怎么样来解决这些问题

出现了问题肯定需要解决，在过去的会议上，只要有人提出一个解决方法，就有其他的人为此跟他争论，于是大家也就争论起来，结果常常是说着说着就说到了别处，直到开完会，

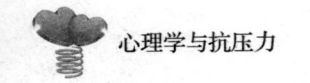

还在进行那个题外话。

当里昂采取了以上措施后，他说："过去那些跟我一起开会的人，经常会在会议上绕圈子，却从来没有想到过切实可行的解决方法，现在，我的下属很少会把他们的问题拿来找我了，因此他们发现在需要回答我上面这几个问题之后，他们已经在仔细思考问题了，当他们做了这些之后，就发现大部分问题都不需要再来找我商量了。"

以上就是里昂摆脱无形的工作压力的秘诀。在过去，每当里昂结束一个会议，总感觉很累，更糟糕的是问题还没得到解决，既浪费了时间，又觉得根本没达到自己想要的效果。长期以往，最终的结果是里昂越来越害怕开会，甚至他听到"开会"两个字都会打不起精神来，这其实就是一种无形的压力，它不断地使人否定自己，打击自信心，最终人们就会在重压之下变得更糟糕。

那么，如何保持正确的做事方式，这里有一些秘诀可供参考：

1. 尽早处理手头的事情

假如你的办公桌堆满了信件、报告、备忘录之类的东西，那慌乱的场景会令人产生混乱、紧张和焦虑的感觉。而且，如小山般的文件，会让人产生错觉：还有一大堆工作等着我去做，但是我已经没多少时间了。时间长了，这种情绪还会促使人患上高血压、心脏病和胃溃疡。

2. 按事情的重要程度来排序

全美市务公司的创办人亨瑞·杜哈提说："不管我出多少钱的薪水,都不可能找到一个具有两种能力的人,这两种能力是,第一,能思想;第二,能按事情的重要次序来做事。"当然,永远按照事情的重要性做事并非那么容易。但是,假如制订好计划,先做计划上的第一件事,那绝对比你随便做什么事情要有效果得多。

3. 遇到问题时,尽可能当场解决

已故的豪厄尔曾经是美国钢铁公司的董事,当时他最烦恼的事情就是开董事会。因为每次开董事会都要花费很长的时间,在会上总会有许多问题需要讨论,不过最后却不容易形成决议。最后,董事会的每一位董事都不得不带着一大包文件回家细看。所以,遇到问题时,尽可能当场解决,决不拖延时间。

4. 学会分权

许多领导者做任何事情都是亲力亲为,他们不懂得适当分权,结果自己累死累活,还烦恼一大堆。在这种情况下,即便一件小事情也会让他忙得够呛,他总感觉时间不够用,总感觉焦虑和紧张。尽管分权对于自己而言不是那么容易,不过,这并不表示我们不需要分权,事实上,分权是领导者避免忧虑、紧张和疲惫的最佳方法。一个处于领导者位置上的人,假如不会、分权,那他受苦受累是不可避免的。

爱因斯坦说:"成功=艰苦的劳动+正确的方法+少谈空

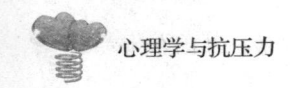

话。"许多人每天瞎忙,他以为自己已经够拼了,但为什么压力还是那么大呢?忙并不代表你努力,"做事"的方式最重要。正所谓"一分耕耘,一分收获",努力是很重要的,但做事方法更重要,如果方法错了,那拼搏也只会带来无尽的烦恼。

只要足够智慧,上班的烦恼会少一半

工作中的压力真的可以减少吗?或者说,真的会有一种方法可以有效地减少一半工作压力吗?许多人总会表示不屑:自己已经工作这么多年,减少工作压力难道会没有方法?这个话题本身就很荒谬。然而,事实是存在的。例如,在日常工作中,我们经常会出现这样的情况:花一两个小时开会讨论问题,却没有人清楚真正的问题在哪里。那么,压力就产生了。当然,别人无法帮助你减少工作中一半的压力,因为关键在于你自己,其他人根本无法帮助你。只要你足够努力,相信你是可以成功地减少一半工作压力的。

许多年前,约翰满怀热情,加入到推销保险的行业中。后来发生了一些事情,使约翰非常沮丧,他开始瞧不起自己的工作,几乎要决定放弃了。在一个无所事事的周六早上,约翰坐下来试图找出自己压力的根源,他通过自问自答的方式,找寻到其中的端倪。

首先，约翰问自己："究竟出现了什么问题？"回顾自己工作的经历，约翰发现自己非常认真地去做业务，收到的效果却是微乎其微。即便约翰与客户洽谈比较顺利，但到了关键时刻，那些客户无一例外地以一句话搪塞了约翰"我再想想，你下次再来吧"。于是，约翰不得不花费更多的时间去再次拜访这些客户，在这个过程中，约翰感到非常沮丧。

然后，约翰开始问自己："是否可以找到有效的方法来解决问题呢？"为了很好地回答这个问题，约翰将过去一年的工作记录本打开，认真研究真实情况。令他感到惊讶的是，自己的工作时间差不多有一半都浪费在那些成交量不大的业务上。原来，从工作记录本上可以明显地看出，约翰在推销保险的过程中，初次见面就成交的占据了百分之七十，第二次见面成交的占据了百分之二十三，而第三次、第四次、第五次甚至很多次才成交的占据了百分之七，而约翰恰恰将工作重点放在花费时间最多、成交量最少的业务上。

最后，约翰问自己："那么最终的结果是什么呢？"显而易见，既然第二次拜访以后与客户见面没有必要，那就需要将这部分时间用于拜访新客户，说不定成功的概率还会大很多。

于是，他决定按照这个方法去做。结果是令人惊喜的，在很短的时间内，他的工作效率却提升了一倍。

约翰曾经一度想放弃自己的工作，他差点承认自己确实不适合做这行。不过，当他静下心来认真分析问题之后，他成功

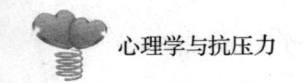

地找到了一种解决问题的有效方法，最终将自己引向了成功之路。如今，约翰就职于费城诚信公司，每年成功洽谈的业务高达100万美元，被誉为美国最有名的人寿保险业务推销员。

1. 收集足够的事实

谨记这样一句话："世界上的压力，大多数是由于人们没有收集足够的事实来做决定之前，就想做出决定。"一旦你收集了足够的事实，那就不会造成这样的情况，你可以做出一个有效的决定。

2. 认真分析收集的一切信息之后，再做决定

虽然收集了信息，但不对信息加以分析，那是毫无收获的，而这样做出的决定也是仓促的。

3. 马上将所做的决定付诸实际行动

一旦做出了非常谨慎的决定，就需要马上将其付诸实际行动，不要犹豫不决，也无须为不必要的事情而感到压力。

4. 按照下面的问题和答案来作分析

假如你还在为工作而烦恼，或许因为工作上的烦恼想放弃自己的工作，那不妨按照下面的方法去做，说不定可以减少你一半的工作压力。

请用一支笔在一张纸上写下以下几个问题，然后自己回答，这样你就可以成功地找到有效的方法：第一，到底是什么问题让你感到压力？第二，问题是怎么产生的？第三，解决问题的有效方法是什么？第四，你觉得采用什么样的方法可以解决问题？

职责以外的工作，可适当拒绝

现实生活中，有很多人都不懂得拒绝，为此他们在与人相处的过程中常常会陷入困境，不知道如何做才能保护自己的利益，也友好地拒绝他人。如果他们勉为其难地接受了别人的请求，或者导致自己变得为难，或者因为没有能力兑现对他人的承诺，切实有效地帮助他人，反而落得他人埋怨。不得不说，这样不懂拒绝，对于人际沟通没有任何好处。作为明智的人，我们一定要学会拒绝，也要学会珍惜时间和精力，这样才能全力以赴做好自己该做的事情，从容不迫经营好人生。

喜剧大师卓别林也曾说过，一定要学会说"不"，这样生活才会变得更加美好。每个人在生活中都会遇到很多需要拒绝的情况，那么不但要鼓起勇气说"不"，而且要掌握拒绝的艺术和技巧，这样才能在成长的过程中不断地提升自己，也才能真正掌握与人相处的技巧和能力。要想改掉不会拒绝的坏习惯，就要弄清楚自己为何不会拒绝，这样才能有的放矢地改变自己，完善自己。

通常情况下，一个人不会拒绝，有以下几种原因：一是不好意思拒绝他人，总是把面子问题看得很重要，对于自己本来没有能力完成的事情，也要打肿脸充胖子，最终却因为不能兑现承诺而导致问题变得更糟糕。二是过分在意他人的看法和评价。总是担心自己一旦拒绝他人，就会遭到他人的否定和批评，也会因此而给他人留下不好的印象。三是不懂得如何表达。很多人在人际沟通中都处于弱势的地位，为此他们不知道如何以语言表达自己的内心，也不知道怎样才能真正提升自己，获得成长。在了解不会拒绝的根本原因之后，我们要全力以赴做好该做的事情，也要努力地提升和完善自己的表达技巧、人际相处能力，从而让自己在与他人相处的过程中学会拒绝，既保护了自己的合法利益，也委婉地达到拒绝他人的目的，从而让人生有更加美好的未来，获得长足的成长和发展。

作为公司的新进人员，小雨一直非常努力地工作，每当其他同事有需要帮忙的时候，他也总是不遗余力地帮助他人。渐渐地，小雨不仅要做好分内工作，还要承担部分同事交给的额外工作，大大增加了工作量。小雨陷入了困境，有的时候要工作到深夜才回家。有一次，小雨因为本职工作没有完成被上司批评，他为自己辩解："我本来是可以完成的，不过刘姐昨天着急回家，就把她的活儿给我了。她说她的活儿要得特别急，我就先做她的活儿了。"上司不以为然："我不管你是什么原因，没有完成工作就是没有完成工作。况且，刘姐的工作为何要交给你完成呢？你自己的工作都没有完成，怎么就有时间为别人完成工作呢？我看再这样下去，你连工作都保不住，更别说当活雷锋了！"在上司的一番批评之下，小雨意识到问题的严重性，他当即对上司表态："您放心，我以后一定不会当老好人，我要学会拒绝，优先保证完成自己的工作！"然而，同

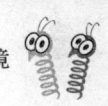

事们都已经习惯了把工作交给小雨，似乎小雨存在的意义就是帮助他们给工作收尾，为此在被小雨拒绝之后，同事们都对小雨有很大的意见，与小雨也渐渐疏远。

假如小雨从一开始就坚持自己的原则和底线，绝不随随便便为别人完成工作，那么就不会出现后来的局面。不得不说，这就是付出了很多时间和精力，却没有得到应有回报的典型案例。不管是生活中还是职场上，我们一定要牢牢记住一个道理，工作上要坚持自己的原则和底线，而不要让工作的界限模糊不清。否则把好事做完，却又成为别人心目中的大恶人，这当然是得不偿失的。

拒绝不但是一门学问，也是一门艺术，任何时候，我们都要学会拒绝他人，才能让人际关系更加和谐美好。当然，在拒绝他人的时候一定要讲究方式方法，这样才能让他人有尊严，也避免他人受到伤害。要想做到这一点，在拒绝他人的时候就要设身处地为他人着想。每个人都是这个世界上独立的生命个体，都有自己的梦想和对于人生的憧憬，为此，每个人都不要误以为自己是别人，一定知道别人的所思所想。很多时候，唯有尽量做到设身处地，唯有尽量站到别人的角度上思考问题，才能真正了解他人的苦衷，也才能尽量理解他人的各种辛苦和不容易。

任何人际相处，都要建立在沟通的基础之上，也可以说，沟通是人际相处的前提条件，只有在沟通顺畅的前提条件下，

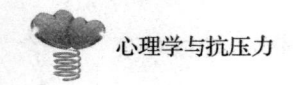

人与人之间才能更加友好地相处。既然如此,就不要把沟通看得无关紧要,当你摆正心态对待沟通,当你对于沟通非常认真也足够努力,你才能用语言来表达自己,也才能以此来战胜自己心底的怯懦。

充分信任下属,放手让他去干活

巴菲特说:"只有平庸的将,没有无能的兵。"但凡优秀的领导者总是可以从身边挖掘人才并充分发挥他们的潜能,而那些拙劣的领导者总是抱怨无人能用。于是,那些优秀的领导者带领身边的人才不断走向成功,而那些拙劣的领导者却在抱怨中走向没落。作为领导者,应该学会将权力放手,有的领导者天生喜欢操心,他无时无刻不在担心这担心那,好像一刻也不能放松,于是,他的整颗心都是紧绷的。在生活中,无论是大事还是小事,他们都不放心别人去做,而是亲力亲为。当然,凡事亲力亲为是一种负责任的态度,但若太过亲力亲为,那就有点以自我为中心了。对下属给予信任,将权力下放给别人,你会发现这是成功者应有的风范。

王姐从小就有个习惯,对于有关自己的事情,她必然亲自去做,她不放心任何人去做。在她年纪尚小的时候,有一次,她背着厚重的东西回家,身边的朋友好心建议说:"让我帮你

第10章 职场减压，给自己一个放松的工作环境

背一程吧。"结果她拒绝了，理由是怕对方将她的东西掉地上，朋友听到这个理由，惊讶得下巴都快掉下来了。

长大后，王姐的这个习惯日益严重。高中毕业后，王姐就在一家蛋糕店当了收银员，平时没事就守在柜台边，不让任何人接近自己的工作位置。店长吩咐："你有时间的时候，教教店里的导购收银。"王姐却置之不理，因为她从来不放心把自己的工作让别人去干。就因为这样独特的习惯，她在店里的人缘相当不好，但她工作倒是很负责任，工作了几年之后，她升职当了店长，这样她更忙了。早上，她是第一个到店的，晚上她又是最晚离店的，因为她不放心任何一个店员，她需要亲力亲为收货、摆货、收银，这样一来，自己算是放心了，但整日拼命地上班，王姐真是疲累不堪。但如果她想到不去店里，让店员们去做，她的心就更累。

没过多久，王姐终于累倒了，躺在医院里，她所担心的还是蛋糕店："今天货到齐了吗？""货物摆放得整齐吗？"坐在病床边的老公忍不住说："你总是这样，凡事亲力亲为，你以为自己多伟大，但其实剥夺了店员们表现自我的机会，今天早上我路过蛋糕店，发现没有你，他们依然将事情做得很好，有条不紊，你就不用操心了，你现在是店长了，很多事情完全可以交给别人去做。如果你总是操心，那你永远有操不完的心，你自己也会身心俱累。"

在案例中，王姐虽然升职成了店长，但她没有将手中的

| 177 |

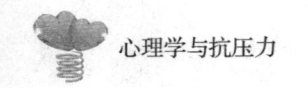

权力下放给下属，对店里的很多事情总是亲自去做，结果病倒了，她不仅身体累，而且心也累。因为过于操心，她几乎每时每刻都在想还有什么事情没做好，她就像一个陀螺一样，不停地转，直至最后无力地倒下。其实，她完全没必要这样累，将一些事情交给别人去打理，不仅轻松了自己，而且给予了下属展现自我的机会。

生活中，一个人操心太多就会身心疲惫，反之，如果将事情放心地交给其他人去做，自己只是观看或指导，这样反而会轻松很多。当然，要想培养这样的习惯，首先应该学会信任别人，以及放松自己。你只有足够地信任别人，才能放心地将事情交给对方；你只有放松了自己，才不会那么执着地想要亲自去做。所以，凡事不要太过操心，让自己过得轻松一点，将某些人和事交给别人去办，这样自己才能轻松起来。

权力的存在是一个十分合理的现象，对于领导者和下属而言，却是一个敏感的话题。权力就意味着权威，领导者需要这样的权威，下属也需要在这个权威下自由支配自己的各项活动。无疑，这就形成了一个比较有活度的矛盾，其焦点在领导者和下属之间移动，而领导者就是支配者。在很多时候，领导者应该下放一些权力给下属。

1. 肯定下属

英国女演员和诗人乔吉特·勒布朗说："人类所有的仁慈、善良、魅力和尽善尽美只属于那些懂得鉴赏它们的人。"

任何一个下属都希望得到别人的肯定，尤其是上级的认可。美国著名的企业管理顾问史密斯指出："一个员工再不显眼的好表现，若能得到领导的认可，都能对他产生激励的作用。"

2. 信任下属

权力是一切的基础，在此基础之上产生信任后释放权力。虽然，信任是一个很简单的词，却是一个包含深妙玄机的改变，信任产生的心态就是认可，领导只有认可了下属才能信任他。一位管理学家说："我相信部属具备必需的技能和设备，能推动我授权执行的任务，于是我得以专心思考策略问题。"放手一些权力，不仅是领导者的自我松绑，也是一种本质的需要。

领导者所扮演的角色无异于一个母亲，当一个母亲放手让孩子跑步的时候，她确信孩子已经能跑了。孩子在迷蒙中被母亲放手后才知道母亲放手的原因，那就是孩子已经得到了信任。领导者将权力下放给下属，也就是说，我信任你了，给你权力，你必须得去巩固它、发展它，从而变得优秀起来。

利用闲暇时间，缓解精神压力

职业人，尤其是职业女性，每天的日程表都被安排得满满的，需要很早起床，因为做早餐是她们一天的第一项工作，然后收拾餐具，再匆匆地跑出家门。在单位里熬了8个小时之后，

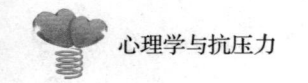

还要拖着疲惫的身体回家，但是依然不能休息，因为还要做晚饭、收拾房间，有时还要洗衣服。可以说，职业人算是世界上最忙的人了，在他们的时间里根本没有闲暇时间这个概念。

有一次，卡耐基决定去巴黎拜访一个很多年没见的远房表姐。在卡耐基12岁的时候，表姐就远嫁到巴黎，他们已经很久没见面了，所以当表姐在巴黎见到卡耐基时非常高兴，嘱咐仆人好好招待他。不过，令卡耐基感到奇怪的是，表姐有了很大的变化，她消瘦了很多，而且整个人看上去没什么精神。卡耐基希望能与表姐聊聊，她最近都在忙些什么。不过，表姐似乎并不想与他聊天，她看起来那么忙，好像卡耐基的突然到来令她有些措手不及。

当时，卡耐基到巴黎已经是傍晚了，表姐正打算出门，简单地招呼之后，表姐就说："戴尔，你先在家里休息一下，我现在必须得走了，因为我要赶着去参加一个非常重要的课程。"卡耐基只好答应下来，表姐则匆忙着出了家门。

吃过晚饭，卡耐基和表姐家的仆人聊天，并询问仆人："表姐最近过得怎么样？"老仆人告诉卡耐基："她最近过得很累，因为你的表姐夫之前丢失了一份好工作，现在她不得和丈夫一起承担养家糊口的责任。虽然她平时不需要做家务，但是她会利用每一分每一秒去赚钱，刚才她就是出门去给小女孩上钢琴课。"听到这样的话，卡耐基很吃惊，问道："难道她就没有时间来休息吗？"老仆人叹口气："她非常繁忙，假

如一个人可以不睡觉，我想她会24小时都在工作。"

听了老仆人的话，卡耐基总算明白表姐为什么变化那么大了，原来一切都是工作太累而导致的，她没有多余的时间来休息。

亚里士多德曾说："人唯独在闲暇时才有幸福可言，恰当地利用闲暇时间是一生做人的基础。"确实，闲暇时间对于我们每一个普通人而言是至关重要的，尤其是对于职业女性。精神科主治医师约翰·克雷曾说："人的精神如果总是处于紧张状态的话，很容易导致各种精神疾病的产生，而合理充分地利用闲暇时间则是缓解精神紧张的最佳方法。"

1. 你一天忙碌吗

你是否一天经常觉得有很多细小的事情要做，却又不知道该如何开始？一件工作分配给你，你总是到了快交工作时忙得焦头烂额，你是否经常下班回家路上才想起工作没做呢？于是，你把工作带回家做，搞得生活与工作严重交叉，压力更大。

2. 制订一天时间表

每天需要抽出15分钟制订时间表：写下自己这一天要完成的任务；给这一天的任务制订时间顺序；预计每件事情所需要的时间；给每件事情分配时间；把每项事情都填入时间表，提醒自己某个时间段应该做什么。

3. 接听电话的技巧

如果在接听电话时不注意技巧，也很浪费时间。例如，

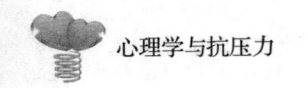

避免太多关于工作以外的闲谈；及时地用笔和纸记下重要的东西；准备好说什么；给出确切的答复；不要在做非常重要的事情时打电话；认真听电话的详细内容。

4. 注意电脑资料的整理

假如使用电脑不当，也很容易浪费时间。在系统中创建工作文档；把需要长期保存的文档移入合适的文件夹，及时删除不需要保存的文件；在桌面上创建快捷方式，便于直接进入工作文档。

5. 制订待办工作清单

制订待办工作清单，如每天待办清单、项目待办清单、长期待办清单。这样可以帮助你分配个人的精力，帮助你更有效地规划一天，从而使你事半功倍，目标明确。

6. 防止别人的打扰

遵守"办公室保持安静"的原则，防止同事找你无休止地聊天、闲谈而浪费双方的时间。当你正在构思一个重要方案、计划，或者与重要客户打电话时，可以关上办公室的门，这样可以防止别人的打扰。

7. 提高工作效率

其实，合理地安排时间，有秩序地处理手头的工作是提高工作效率的最佳办法。只要工作效率提高了，那么拥有闲暇时间就不是一件不可能的事情。现代社会，科学技术每天都在以惊人的速度发展着，很多帮助人干活的机器都给发明出来了。

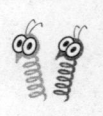

虽然，这些东西比较贵，人们可能会觉得没有必要购买。但是，假如花很少的钱来换取快乐的感觉，那么你应该毫不犹豫地选择。对于我们而言，这些机器为你节省了很多时间，让你能够得到充分的休息和放松，这样你就有愉快的心情和充沛的精力去迎接新的工作了。

8. 利用闲暇的时间

当然，并不是拥有闲暇时间就能达到我们所要的效果了。假如我们不能把这些闲暇时间充分利用的话，还是无法达到事半功倍的效果。那么究竟该怎么办呢？很简单，找一些自己最感兴趣的事情：假如你喜欢文学，那就利用闲暇时间多读书；假如你喜欢音乐，那就利用闲暇时间多听听歌；假如你喜欢诗歌，那就利用闲暇时间写一首诗；假如你太累了，那不妨好好睡上一觉。当然，利用闲暇时间的准则就是让自己活得愉快享受。假如你的行为可以间接地充实自己的话，那就更加完美了。

随着社会环境的变化，人们面临的生存压力也越来越大，因此很多人开始忽视闲暇时间。他们把享受闲暇时间看成一种浪费生命的行为，认为那种做法会让自己陷入困境。实际上，为了能够适应整个社会环境，人们必须学会给自己减压，也必须让自己得到放松。否则，压力会让你精神衰弱、情绪紧张，继而会剥夺你的快乐和幸福。

参考文献

[1]久世浩司.抗压力：逆境重生法则[M].贾耀平，译.北京：北京联合出版公司，2016.

[2]韦辛格.高效抗压行动法[M].周芳芳，译.北京：中信出版社，2018.

[3]希尔奥尔德.抗压有术[M].刘文，译.长沙：湖南文艺出版社，2019.

[4]亨施.如何成为一个抗压的人[M].李进林，译.北京：北京联合出版公司，2019.